微动作心理学

处处占先机的交际策略

未铭 ◎ 著

河北出版传媒集团
花山文艺出版社
河北·石家庄

图书在版编目（CIP）数据

微动作心理学：处处占先机的交际策略 / 未铭著
. -- 石家庄：花山文艺出版社，2020.8
ISBN 978-7-5511-2587-1

Ⅰ．①微… Ⅱ．①未… Ⅲ．①动作心理学－通俗读物 Ⅳ．①B84-069

中国版本图书馆CIP数据核字（2020）第129796号

书　　名：	*微动作心理学*：处处占先机的交际策略
	Weidongzuo Xinlixue: Chuchu Zhan Xianji De Jiaoji Celve
著　　者：	未　铭
责任编辑：	梁东方
责任校对：	林艳辉
美术编辑：	陈　淼
封面设计：	王玉美
出版发行：	花山文艺出版社（邮政编码：050061）
	（河北省石家庄市友谊北大街330号）
销售热线：	0311-88643221/29/31/32/26
传　　真：	0311-88643225
印　　刷：	三河市金泰源印务有限公司
经　　销：	新华书店
开　　本：	880×1230　1/32
印　　张：	8.5
字　　数：	171千字
版　　次：	2020年8月第1版
	2020年8月第1次印刷
书　　号：	ISBN 978-7-5511-2587-1
定　　价：	42.00元

（版权所有　翻印必究·印装有误　负责调换）

前 言

——心理操控的艺术

你是不是有很强的从众性？

你是不是盲目地相信权威？

你是不是无意中买了不需要的商品？

你是不是总是做一些不符合自己意愿的事？

…………

你是不是还没有思考过上面这些问题？我告诉你，说不定你已经成为别人潜意识下操控的对象了。

你被洗脑了，而且自己还不知道！

这本书的目的就是让你看清背后的真相，让你从被操控者摇身一变成为操控者！

有一个名叫瑞秋的女孩，由于父亲工作的原因，经常需要搬家，辗转于美国各地。瑞秋为此苦恼不已，每一次她都想要融入新团体中，但她发现，自己的人缘并没有想象中那么好，同学们只是在利用她，因为她的爸爸很有钱。

高一时，瑞秋来到一所私立学校，像以往一样，同学们不愿意搭理她。瑞秋只能极力讨好她们，希望尽快融入她们的圈子里。

她经常给同学们买零食，请她们吃饭，但是收效甚微。一次，几个女生在一起聊起了SPA，瑞秋听到后，当即表示要组织一次SPA聚会，邀请班里所有的女孩参加。

瑞秋选定的场所比较高档，总花费要在几千美元，虽然她父亲很有钱，但是家人觉得对于一个高中生来说，这开销有些过了。

在瑞秋不停的哭闹之下，家人终于答应了。

这次聚会很成功，同学们有说有笑，大家对瑞秋的态度也非常好，看上去瑞秋的策略成功了。

然而，这次聚会没多久，同学们对她的热情就降了下来，渐渐地又变得与之前一样了。

瑞秋想不明白。

过了一阵，瑞秋又发现几个女生在谈论某款化妆品，她们特意问她："你们家一定经常用这个牌子吧？效果怎么样啊？"

瑞秋终于醒悟过来，原来她一直被人操纵，同学们只有在希望她掏钱的时候，才会主动接近她，即便如此也从来不将她拉进圈子里，因为只有保留一丝加入圈子的希望，瑞秋才会持续为她们花钱。

现实生活中，这样的操控无处不在，我们每个人都可能成为被操控者，但是我们也完全有能力反击，从被操控者变为操控者。

操控实际上就是一场心理博弈，这与人性善恶无关，只是一场心理上的相互较量。高水准的操控技巧也不存在尔虞我诈与满嘴谎言，只是一方利用心理策略，让另一方认同自己，并向着对己有利的方向行事而已。

这其实是一种艺术，可以应用于生活与工作之中。各个领域都存在心理操控的影子，没有人能够逃过心理操控的影响力，我们只有适应，并通过不断练习成为操控高手，这样，在与他人的竞争中就不会成为待宰的羔羊。

目录

第一章　人都看不准，怎么才能赢

【测一测】你的识人能力怎么样 / 002
【现象】为什么表里不一 / 007
【技巧】眼神读心：眼神接触的关键技巧 / 010
【技巧】眉语识人：心情变幻看眉毛 / 016
【技巧】笑而不语：万千笑容背后的秘密 / 020
【技巧】观鼻识人：谁的鼻子在说话 / 025
【技巧】观嘴识人：不开口也能知其心 / 029

第二章　谁被动作出卖了

【测一测】超级有趣的行为测试 / 034
【现象】别让肢体动作毁了你 / 037
【技巧】观手识人：手势的解读与操控 / 040
【技巧】握手知性情：养成握手的习惯 / 045
【技巧】疯言脚语：脚下动作露玄机 / 051
【技巧】走姿识人：走路姿势暴露性格 / 056
【技巧】点头示意：俘获人心的微动作 / 060
【技巧】站姿识人：如何从站姿读懂性格 / 064

【技巧】坐姿识人：日常坐姿断性格 / 068

第三章　如何在人际交往中胜出

【测一测】你的社交水平怎么样 / 074

【现象】咖啡馆提高办事成功率 / 077

【技巧】在别人疲惫时提出请求 / 080

【技巧】人际吸引增减原则 / 083

【技巧】用别人喜欢的方式交往 / 088

【技巧】异性效应 / 092

【技巧】如何影响他人对你的看法 / 095

【技巧】做别人的心灵疗愈师 / 099

第四章　其实你比蔡康永还会说

【测一测】你的表达能力怎么样 / 104

【现象】别人不信你，怎么往下聊 / 107

【技巧】倾听的关键技术 / 110

【技巧】适时认输 / 114

【技巧】故事留悬念，对方有兴趣 / 117

【技巧】不讨人厌的拒绝术 / 119

【技巧】骂你能忍，夸你不能忍 / 122

第五章　聪明的人，绝不会输给情绪

【测一测】你善于控制情绪吗 / 126

【现象】身边的"定时炸弹"怎么那么多 / 130

【技巧】走出詹森效应怪圈 / 133

【技巧】自我意识控制 / 136

【技巧】数颜色法 / 140

【技巧】冷处理 / 144

【技巧】假想快乐 / 149

【技巧】暴露疗法直面恐惧 / 153

【技巧】净水法则 / 157

第六章 高手，在无形中掌控对方

【测一测】你的掌控能力如何 / 162

【现象】为什么总是跟着对方的思路走 / 164

【技巧】提高语速有利于说服对方 / 167

【技巧】乌比冈湖效应 / 171

【技巧】鱼和叉效应 / 174

【技巧】达特茅斯印第安人队与普林斯顿老虎队效应 / 178

第七章 如果你也不想输

【测一测】你是驰骋职场的高手吗 / 184

【现象】为什么你总是不开心 / 188

【技巧】优先效应 / 190

【技巧】露脸效应 / 194

【技巧】男女搭配、干活不累 / 198

【技巧】赛利格曼效应 / 201

【技巧】人际相似效应 / 206

第八章　搞定客户其实很容易

【测一测】你的销售技巧怎么样 / 212

【现象】为什么销售冠军总是他 / 216

【技巧】炮灰战略 / 219

【技巧】互惠攻心术 / 223

【技巧】物以稀为贵 / 227

【技巧】权威暗示 / 231

【技巧】承诺心理 / 235

【技巧】社会认同 / 239

第九章　谈个恋爱，要不要那么复杂

【测一测】你是约会高手吗 / 244

【现象】为什么心仪的人不理你 / 247

【技巧】约会后不要秒回信息 / 250

【技巧】黑暗效应 / 253

【技巧】九小时效应 / 256

【技巧】触碰效应 / 260

【技巧】惊喜效应 / 263

第一章

人都看不准,怎么才能赢

【测一测】你的识人能力怎么样

日本有一个传说,讲的是永禄时期,幕府割据,其中最厉害的当属北条氏康,当时称霸关东。

有一次,北条氏康在战场上与长子氏政一起吃饭,其间发现了一个细节:儿子氏政吃着吃着又往饭里加了一碗汤。

战场上简单的饭食应该尽快吃完,儿子竟然连自己的饭量都不清楚。北条氏康以此判断,身为继承人的儿子是一个缺乏远见的人。

北条氏康的担心,在日后成为不幸的事实。30年后,氏政终于因为缺乏远见,被丰臣秀吉的大军围困,同弟弟氏照一起被逼切腹自尽,称雄一时的北条氏从此消亡。

识人是一项很重要的能力,具有很强的实用性,除了丰富的阅历之外,还需要高超的识人技巧。下面是一个很有意思的小测试,一起看看你的识人能力如何吧:

1. 假设你因为琐事而抱怨,这时有一个人在一旁默默地看着你,你觉得这个人怎么样?

成熟——转到第2题
内向——转到第3题
笨拙——转到第4题

2. 在选择未来伴侣时,你更倾向于选择哪类人?

勇敢走出失恋阴影的人——转到第 4 题

内心世界丰盈的人——转到第 3 题

性格开朗活泼的人——转到第 5 题

3. 你认为具备以下哪种面貌特征的人做事最执着?

鹰钩鼻——转到第 4 题

大脑门——转到第 6 题

眉心近——转到第 5 题

4. 公司来了新人,你一般会如何对待?

漠不关心——转到第 5 题

悉心指导——转到第 6 题

冷眼旁观——转到第 7 题

5. 你觉得用多久可以看清一个人?

一到两年——转到第 7 题

半年之内——转到第 8 题

一眼看穿——转到第 6 题

6.如果用餐时,周围的人大声讲电话,你认为这个人的性格是?

大大咧咧——转到第 9 题

高调炫耀——转到第 8 题

同理心差——转到第 7 题

7.判断一个人的生活水准,你会看哪里?

发型——转到第 10 题

首饰——转到第 9 题

鞋——转到第 8 题

8.每天都在朋友圈炫耀的人,你觉得 TA 是?

太寂寞——转到第 9 题

爱虚荣——转到第 10 题

自卑——转到第 11 题

9.与友人逛街,发现朋友习惯先看吊牌,你认为?

缺乏自信——转到第 11 题

节俭——结果 A

经济条件较差——转到第 10 题

10. 以下哪种方式，你认为最能判断出一个人是否值得交往？

打牌——结果 C

沟通——转到第 11 题

喝酒——结果 D

11. 你认为以下哪种因素最能看出一个人的品行？

言谈——结果 C

文章——结果 B

行为——结果 A

测试结果：

A. 恭喜你，你的识人水平相当高。你是一个十分理智、心思缜密的人，喜欢通过细节观察一个人的本质。你不会轻易被他人的描述影响，而是会通过自己的观察进行判断。

B. 你的识人水平不错。你是一个善于分析，懂得权衡的人，不喜欢草率地判定别人，但非常相信自己的直觉。

C. 你的识人水平刚刚及格。你容易随大流，缺少独立思考能力，因此识人能力并不高。

D. 很遗憾，你的识人能力亟待提高。你缺少独立思考能力，很容易受人影响，心思单纯，很容易受骗。

【现象】为什么表里不一

如果你总是抱怨别人表里不一,那么问题一定出在你这里。一次看错是别人太狡猾,两次、三次看错就是你太天真。

大多数人没必要,也不可能一眼就看穿对方,但是完全可以借助识人技巧做出基本的判断。

之前热播的电视剧《人民的名义》是一部很有意思的反腐剧,最开始播出的时候,我就做出了错误的判断,犯了以貌取人的错误。因为我只是断断续续看了两三集,然后就像孩子一样做出判断:李达康是坏人,高育良、祁同伟是好人。看到后来才知道,我完全错了。剧集刚开始的时候,高育良、祁同伟表现得都挺像正派人物,但随着剧情的发展,两个人的本质逐渐显露出来。

对于反贪局长侯亮平来说,错判是很危险的,相信这些部门的工作人员或多或少都接受过专业的识人训练。现实生活中,我们都是普通人,然而识人这项基本功依旧很关键,掌握这些技巧,可以让我们的工作与生活更加顺利。

你的同事是否可靠,能不能信任?你的领导脾气秉性如何,是否能开玩笑?你的下属是否靠谱,能不能委以重任……当然,对这些情况的判断是需要时间的,不过高情商的职场老手完全可以通过蛛丝马迹做出初步判断。

如果你没那么深的阅历，怎么做判断呢？那就学点识人术吧，这样至少可以将识人准确率提升一点儿。别小看这一点儿，绝对会让你受益匪浅。

从某种角度来说，职场就是江湖，人们为了生存、为了利益奔波忙碌。既然是建立在利益的基础之上，人际关系就会复杂许多。那些表面上关系不错的同事，到了关键时刻很可能会给你"扎针"。小人难防，但是如果你能在平时的工作中留心观察，通过微表情、微行为进行识别并做出初步判断，就有很大的可能避开这些陷阱。

小王是我曾经的一位同事，为人热情，我刚进那家公司的时候，他很主动地帮我介绍，跟我聊天，给我的第一印象很不错。然而没过几天，我就通过一些行为细节看出了端倪——小王是一个爱占小便宜的人。对于这类逐小利之人，我有一个原则，就是刻意保持距离。我的理论就是，不舍小利的人，随时可能会因为芝麻绿豆的利益问题跟你反目。

不出所料，两个月之后，有一位刚毕业没多久的小姑娘中招了，她把小王当作知心大哥哥，但没想到她对公司的一些抱怨都传到了部门领导的耳朵里。结果可想而知。

想要更好地掌控自己的工作与生活，看人一定要准，但是大多数人并没有给予这一能力足够的重视,导致很多人常常抱怨"为什么每个人都表里不一",这已经成为一种现象。

在我看来,"表里不一"是很正常的,身处什么样的圈子,就要遵循它的游戏规则,我们每天表现出来的并不一定是真实的自己,而是在遵从各种规则时被塑造出的样子,都是为了生存嘛。

然而,正所谓本性难移,真实的自己总会在不经意间显露,也许是一个表情,也许是一个动作,往往正是这些无意识的表情、动作,最能展现出一个人的本性。因此,我认为,掌握最基础的微表情与微动作,是每个人都应该掌握的必备技能。

【技巧】眼神读心：眼神接触的关键技巧

一、导读

眼神识人的准确率很高，想看穿一个人，关键一步就是眼神接触。美国的比较心理学家理查·科斯曾做过一项实验：让一个强度自闭症儿童与陌生的成年人见面，实验分为两种情境，一种是蒙上成年人的眼睛，另一种是不蒙眼睛。结果显示，自闭症儿童注视蒙上眼睛的成年人的时间，竟然是后者的三倍。也就是说，患有自闭症的孩子害怕与人眼神接触，说明这类孩子性格极度内向。

可见，通过眼神接触，我们能够很快很准确地做出一个基本的判断，了解对方的性格、习惯等一些细节，从而更好地掌控对手。

二、案例

据说，古波斯的珠宝商人在售卖珠宝首饰时会仔细观察顾客的眼神，根据顾客瞳孔的变化来要价。当他们介绍产品时，如果顾客的瞳孔扩张，说明客人对这款产品十分感兴趣，那么商家的要价就会高一些。

这就是眼神接触的直接作用，你可以轻松地识别对手，从而掌控对手，占得先机。

这里需要特别说明一点，由于前几年热播美剧《别对我撒谎》的影响，很多人认为通过眼神接触可以识别谎言，然而对于这样的说法，科学家站出来辟谣了！

英国赫特福德郡大学的教授 Richard Wiseman 进行过一项研究，他们招聘了 32 名惯用右手的成年志愿者。

为什么不选左撇子？因为之前的研究认为，转移视线与说谎相关，而习惯使用右手的人在这方面比左撇子表现得更明显。

实验开始，志愿者分别被告知谁需要说谎，谁需要说实话。实验结束后，研究人员仔细观看志愿者们回答问题的录像，结果并不能判断出谁在说谎，谁说的是真话。

接下来，研究人员又找了一批志愿者，这次有 50 人。在观看录像之前，研究人员仔细向志愿者解释了视线的转移方向与撒谎的关系的理论。结果这些志愿者同样没能做出有效判断。

最后，研究人员又收集了 50 多部显示人们正在说话的录像，这样做的目的是为了更加贴近真实生活。比如，其中有一段录像显示，某人宣称××失踪了，是他带着警察找到了这个人的尸体。这 50 多部录像分别由两位研究人员仔细观看，他们按照眼睛移动的理论去判断谁在撒谎谁在说真话，结果同样失败了。

于是，科研人员最终得出结论：视线的移动与话语的真实性之间没有任何联系！

看到这里，大家一定要注意了，眼神识人是一项很重要的技巧，然而却不像社会上传言的那样，可以用来识别谎言。如果你寄希望通过眼神来判断真伪，从而做出重大决定，一定要当心了。

虽然通过眼神无法判断一个人是否说谎，不过据说曾国藩可以利用这项技能判断人心，他在著作《冰鉴》中有这样一段表述："文人论神，有清浊之辨。清浊易辨，邪正难辨。欲辨邪正，先观动静；静若含珠，动若木发；静若无人，动若赴的，此为澄清到底。静若萤光，动若流水，尖巧而喜淫；静若半睡，动若鹿骇，别人而深思。一为败器，一为隐流，均之托迹于清，不可不辨。"

古人论神时有清浊之分，清与浊是很好区分的，但正与邪就比较考验识人能力了，因为二者都隐藏在"清"之中。那么如何从眼神分辨正与邪呢？曾国藩认为可以从眼睛处于动静两种状态时的表现看出端倪。当眼睛处于静态时，眼神如晶亮的明珠，沉稳有光，含而不露，旁若无人；当眼睛处于动态时，生机勃勃，宛如瞄准目标，蓄势待发，这样的眼神澄明清澈，便是正。

如果眼睛处于静态时，目若萤火虫之光，微弱且闪烁不定,或者似睡非睡,似醒非醒;处于动态时,如流水般游移不定,又如惊鹿般惶惶不安,这样的眼神要么是聪明却不走正道的神情,要么是有所图谋又怕被发现的表现,都属于奸邪的眼神。

这是曾国藩断人的经验,是否有科学依据仍需研究,不过多多少少可以为我们所借鉴。

三、影响力

1. 注视对方双眼,判断其性格

A. 眼神飘忽不定,东张西望,说明心意不诚,心不在焉。面对这样的对手,如果你想进一步说服对方,就需要找到更吸引人的话题。

B. 一有视线接触马上躲开,不敢直视。这样的人大多属于性格内向者,他们并非不好接触,只是需要时间与耐心。熟悉之后,这类人会愿意敞开心扉。如果你以此判断客户是内向的人,不妨多付出一些时间,不要因为客户的有意躲闪而半途而废。

2. 根据视线角度判断友善度

正常情况下,彼此应该直视对方,但是如果你发现对方斜着眼睛看你,很可能意味着他对你表示怀疑,或者存在敌意;还有一种可能就是对方内心孤僻,不相信别人。如果你是销售员,在推销过程中发现客户斜视你,说明客户已经开始怀疑,你需要调整策略,改变话术,否则你的努力只是白费口舌,甚至有可能引起对方的不满。

3. 频繁眨眼说明其性格开朗,注重形象

喜欢频繁眨眼的人一般是开朗自信的人,他们十分注重自身形象,相信自己的魅力,也乐于展示自己,会有意利用眨眼的技巧征服对方。遇到这样的人,可以顺势而为,从他们的形象、气质入手,进行赞美,继而展开话题。

四、知识点

1. 心理学家发现,发自内心地感到开心时,眼角会出现鱼尾纹,而社交式微笑,即所谓的假笑,只涉及唇部动作。

2. 很多人都存在误解,认为目光有意躲闪的人可能不诚实,而目光频繁接触的人更值得信赖。心理学家通过研究表明,事实可能恰恰相反。在谈话中有意回避目光接触的人,很可能只是因为内向、紧张;而频繁进行目光接触的人,则可能是不诚实的人,这是因为骗子早就掌握了这方面的技巧,所以有意进行目光接触,同时观察对方是否被自己骗住。

3. 直视对方是自信的表现,也是表示一种尊重。所以,在与人交往的过程中,直视对方的双眼,能够留下良好的第一印象。

4. 对于那些超级自信的人,频繁眨眼是在传递魅力,不过心理学家和体态专家也发现,紧张或困惑也会导致眨眼频率增加。还有一种情况就是，压力太大或有意说谎时，也可能在无意识中频繁眨眼。

5.眼珠乱转代表这个人在思考，说明大脑正在处理信息。

6.瞳孔放大，说明人们对某人或某事感兴趣。当然，人感到恐惧或兴奋时也会出现这种情况。

7.研究表明，眼神的光芒会随着情绪变动。例如，高兴时眼睛会发光，悲伤失落时眼光则也会显得黯淡。

【技巧】眉语识人：心情变幻看眉毛

一、导读

如果说眼睛是心灵的窗户，那么眉毛就是窗框，分析完眼神之后，自然要关注眉毛。

眉毛的变化多样，心理学家认为，眉毛总共有二十多种动态，每一种动态都在传递一种语言。如果你能读懂多变的眉语，就能在人际交往中占得先机。

二、案例

眉毛是"心情变化的指示器"，从一个人眉毛变化的细节就可以看出对方当时的心情，甚至还可以判断一个人的性格特征。

对此，我深有体会。从谈恋爱到之后的相亲结婚，我见过很多女孩，虽然那时我注意到了对方表情的细微变化，但是并不懂微表情，以至于不能及时做出合理应对，从而影响到双方的进一步沟通。现在回想起来，初次见面的时候，有些女孩的眉毛会快速上扬并伴随着微笑，然后很快降下去。我注意到了这个细节，但是当时并不知道什么意思。现在来看，对方对我是有兴趣的，可是我却反应平淡，没有给出对方期待中的回应。

很多男士都有这样的时候吧，在街上看到美女，忍不住很没礼貌地盯着人家看。这种情况下，有些美女会眉毛上扬并微笑；有些姑娘的眉毛紧皱，一脸的鄙视，这时就要赶紧识趣地收回贪婪的目光了；更多的美女对这种傻傻的目光已经习以为常，眉毛没有任何变化。

可以说，初次见面，通过眉毛的变化判断一个人对你是否有兴趣，是一种很有效的工具。此外，眉毛也可以判断一个人的性格。

三、影响力

美国哥伦比亚大学的马克教授专门研究过成人眉毛的变化，他收集了3000张成人的眉毛的照片，并通过访问调查这些眉毛的主人，做出一份详细的归类分析：

1. 长眉与短眉（超过眼睛为长眉，未超过眼睛为短眉）

A.长眉：性格温和，好说话，多愁善感。

这类人比较容易沟通，可以酌情多提出一些要求，但避免谈及伤感的事情。

B.短眉：自私易怒，不轻易妥协，人际关系较差。

这类人显然不容易沟通，他们更多地考虑自己的利益，与其交往可以适当地给他们一些"甜头"。

2. 粗眉与细眉

A.粗眉：这类人肝气旺盛，做事雷厉风行，为人积极主动，但暴躁易怒，容易冲动。

与这些人交往，有事说事，同时要注意说话方式，避免惹怒对方。与他们合作会很痛快，办事效率高。

B.细眉：慢性子居多，说话不急不躁，性格柔弱，优柔寡断。

与这类人相处不能着急，同时不要提出模棱两可的问题，这会让事情陷入停滞状态。

3. 浓眉、淡眉与稀疏眉

A. 浓眉：性格傲慢顽固，以自我为中心，不过为人率直，所以人际关系不错。

与这类人交往，要多从他们的角度出发，适当多赞美，这样更容易建立关系。

B. 淡眉：心思单纯，做事脚踏实地。

这类人比较稳健，为人单纯，值得信赖。

C. 稀疏眉：性格内向，思维缜密，情绪化，缺乏上进心，体弱多病。

比较细致的工作可以交给他们，当然由于缺乏上进心，他们并不适合委以重任，而且不适合施加过大的工作压力。

四、知识点

1. 眉毛上挑，说明这个人需要更多时间适应环境，此时不宜主动接触；

2. 双眉上扬，表示异常欣喜或极度惊讶。

3. 单眉上扬，表示疑问，不理解。

4. 紧锁眉头，表示厌恶、焦虑、犹豫、拒绝、不赞成。

5. 眉飞色舞（眉毛迅速上下活动），说明心情愉悦。

6. 眉心舒展，表示此刻心情平静坦然。

【技巧】笑而不语：万千笑容背后的秘密

一、导读

微笑是人类的本能，表现形式多样，开心的笑、悲伤的笑、假意的笑、得意的笑、歹毒的笑、纯真的笑、甜蜜的笑、自嘲的笑……这么多种微笑形式背后，反映的是一个人的性格特质，甚至还可以以此判断一个人是否在说谎。

二、案例

《广州日报》刊登过这样一则新闻：

某行人在东莞茶山镇出了车祸，90后女司机李××自称是肇事者。这本来是一起很普通的肇事案，但卷宗里的一张照片让法官起了疑心。

照片摄于事发当晚抽血化验时，当时的李××面带笑容。这位只有25岁的女生，撞了人，表情竟然如此轻松，还能笑得出来，这让法官开始重新审视这起肇事案。

果不其然，随着更详细的提问，疑点不断涌现出来，肇事者的回答漏洞百出。最终，办案人员找到了目击者，目击者表示看到过一个男子走下车。

办案人员很快意识到，这很有可能是一起"顶包"案。随着肇事者的心理防线被突破，她交代了当时的真相。

据李××供述，她在茶山一家汽修厂工作，并与该厂老板杨某是情侣关系。事发当天，杨某的员工无证驾驶导致车祸，杨某就提出让她顶包，理由是她没喝酒，又有驾照。

至于那张让法官起疑心的微笑照片，据李××解释，当时之所以微笑，是因为听说送医抢救的受害者已经没有大碍，心情轻松下来，恰好旁边有人说笑，她就也跟着笑了。次日才又听说被撞人死亡的消息，"后来想着，反正也关了这么久，索性瞒着"。

这是一起典型的通过判断面部表情破案的案例，人们在说谎时往往伴随着比较强烈的情感表达，比如紧张、激动、压抑、愧疚，甚至是兴奋感，据此，我们可以做出比较准确的判断。例如，上面案例中肇事者微笑的照片，一副轻松的样子，说明她很可能不是真凶。

三、影响力

1. 习惯大笑的人

这类人性格开朗，为人真诚，行事风格直率。与此类人交往，说话不要拐弯抹角。痛快一些，有事直说。

当年见过一位长住酒店的客人，包下了京广中心的一间客房，每个月房租两三万。这是一位典型的暴发户，性格开朗，直来直去，被赞美两句就会哈哈大笑，然而如果你说话声音稍小，或者让他起了疑惑，他就会大声质问，气势咄咄逼人。因此，与这类人交往一定要注意表达方式，以他们喜欢的方式交流。

一次，一位物业工作人员去找这位大哥催缴房费，同事都以为他也会像别人一样被臭骂一顿，没想到两个人竟然成了朋友，房费很快就收了回来，后来还经常一起喝酒。据我所知，这位工作人员并非性格特别外向的人，很显然他善于识别客户，并按照对方喜欢的方式进行交流。

2. 喜欢偷笑的人

这类人性格比较保守，受传统观念影响，人前表现得较为拘谨、腼腆。他们对自己要求很严格，但对别人却比较大度。这类人工作中很拼，会为了目标不断努力，然而一旦失败，很容易陷入情绪低谷。

与这类人交往，不要过于主动，聊天话题、行为方式的尺度都不要太大，逐渐熟悉之后再开始进一步接触。

3. 喜欢捂着嘴笑的人

很明显，这类人性格相对内向，不愿意轻易表露心迹，不过他们待人真诚，朋友众多。

与内向的人交流的规矩都是一样的——循序渐进，想跟他们成为朋友，时间是最有效的方式。与他们交往，最好不要抱着很强的功利心，因为他们为人真诚，绝对是不错的朋友。

4. 豪放式狂笑

这类人笑起来幅度很大，有时甚至能笑出眼泪来，非常夸张。这些人性格外向，而且非常豪放直爽，大都怀有一种侠义精神。

相信我，你更愿意跟他们成为朋友，而非敌人。这类人疾恶如仇，所以说话比较直，容易伤人，但如果你能适应他们的行为方式，一定会发现他们的好。

四、知识点

真笑 PK 假笑

美国加州大学心理学家保罗·埃克曼教授和肯塔基州大学的华莱士·V.法尔森教授经过多年研究实验证明，喜悦产生的自发笑容（真笑）和故意收缩面部肌肉引起的伪装笑容（假笑）是不一样的。

在人际交往中，了解对方是真笑还是假笑的作用不言而喻，所以下面的知识点千万要牢记。

1. 真笑：嘴角上翘、眼睛眯起

真心流露的笑容是不受意识支配的，嘴角反射性地翘起，大脑负责处理情感的中枢还会自动指挥眼轮匝肌收缩，使得眼睛变小，眼角产生皱纹，眉毛微微倾斜。

2. 假笑：只有嘴角上提

假笑是有意识地收缩脸部肌肉，让嘴角上扬。判断一个人是否假笑，仅凭嘴角上扬是不够的，要看眼睛是否眯起，因为眼部肌肉不受人的意识支配，只有在真情流露时才会发生变化。

当然，假笑也有很夸张的，这会让分辨难度增加。当假笑幅度很大时，面部肌肉强烈收缩，整个脸挤成一团，这样看起来眼睛就像眯起来一样。这时候，你要根据眼角的皱纹和倾斜的眉毛做出判断，因为这两点细节是无法伪装的。

【技巧】观鼻知人：谁的鼻子在说话

一、导读

鼻子怎么说话？当然不是像嘴巴一样发出声音，而是通过鼻子的细节解读背后的真相。鼻子因为处在脸部正中央，所以很容易被人关注，它的一举一动都可以被深度解读，起到传情达意的作用。说谎时摸摸鼻子，厌恶时耸起鼻子，愤怒时鼻孔张大……这就是所谓的鼻语。读懂这些，同样可以达到识人的目的。

二、案例

小王在某宾馆从事收银工作，正是因为对细节的观察，她协助警方破获了一起预谋抢劫案件。

那天晚上，有个人走进宾馆表示要住店，当时还没有移动支付，小宾馆只收现金。男子拿出100元房费之后，眼睛紧紧盯着收银台，当小王管他要身份证时，他并不着急，反而问小王他们一天生意如何，能有多少营业额。刚开始小王没有警觉，反正晚上也没事，就跟客人聊了一会儿。

不过很快，该男子就不说话了，眼睛直瞪瞪地盯着收银机。这时小王注意到男子的鼻孔迅速扩大，不断收缩，而且他的神情紧张，正在深呼吸，试图尽快平静下来。小王意识到不对劲儿，向站在一旁的保安使了一个眼色，保安逐渐靠近收银台。就在这时，男子动手了，他强行打开收银机，准备抢劫，已经做好准备的保安冲了过来，跟小王一起制服了这名男子。

鼻孔的急速扩张反映出一个人内心的愤怒与恐惧，说明该男子非常紧张，小王注意到了这一细节，所以化险为夷。

三、影响力

通过鼻子的特征，还可以了解到一个人的性格特点，继而成功掌控对方。

哈里·巴尔肯表示，鼻子的特征与肺部功能紧密相连。一般来说，肺部功能强大的人，鼻子会比较粗大。这类人往往性格开朗，运动细胞发达，工作积极主动，进取心强，属于典型的行动派。他们一般是很优秀的一群人，所以多与他们接触，你会充满阳光和活力。

反之，肺部功能薄弱的人，鼻孔较小，缺乏恒心，半途而废者居多，这些人共同的特点就是有些慵懒。如果你是一个对生活、工作有追求的人，那么尽量远离这种人，避免受到影响。

下面，我们可以结合哈里·巴尔肯的理论，通过对鼻子细微变化的分析，实现对人们心理特点的解读：

1. 鼻子泛白

分为三种情况：第一种情况，如果对方与你不存在利害关系，说明其内心正在挣扎，对某人或某事犹豫不决，无法做出决定。

如果你是领导，在向下属委以重任时，这类员工则是第一个被划掉的。

第二种情况，双方存在利害关系，或者是直接竞争对手，鼻子泛白则说明对方感到恐惧或有所顾忌。

比如在竞标过程中，对手出现鼻子泛白的迹象，很可能表示你已经占据上风，对手感到恐惧了，这时应该乘胜追击。

第三类情况，有些人在自尊心受损、尴尬、内疚、困惑，或者是感到罪恶感时，都可能出现鼻子泛白的情形。

2. 鼻尖冒汗

这种情况很常见，除非天气炎热，否则就表明对方心里焦躁、紧张。

假设你是客户，对手是销售员，如果在谈判过程中对手的鼻尖开始出汗，则说明他比较急于成交，这种情况可能是对方的产品有问题，一定要更加谨慎。同时，你也可以利用这一点继续压价。

3. 摸鼻子

谈话过程中，对方频频摸鼻子，一种情况说明他已经失去耐心，这时可以尽快转换话题；另一种情况则表明他在说谎。

如果是谈判过程中出现上述情况,一定要谨慎一些,要么对方不感兴趣,要么对方在说谎,两种情况都可能给你带来损失。

四、知识点

1. 如果对方下意识地提起鼻子,也就是说用鼻孔看人,则说明他对你十分不屑。

2. 鼻孔突然扩张,说明对方情绪出现较大变化,一般愤怒、兴奋、紧张时都会出现这种迹象。

3. 皱鼻子表示厌恶。

4. 歪鼻子表示不信任。

5. 鼻子抖动表示紧张。

6. 哼鼻子表示排斥。

【技巧】观嘴识人：不开口也能知其心

一、导读

通过一个人的嘴唇，可以看出其脾胃的健康状况，还可以看出其对于家庭的依赖程度，以及对待感情的敏感程度。嘴唇的形状各异，这里面有很多内容可以解读，让我们开始本节的观嘴识人之旅吧。

二、案例

哈里·巴尔肯在《微表情心理学》一书中提到了斯坦福大学的杰威尔教授，杰威尔教授对微表情颇有研究，他做过一项实验，专门观察人们的嘴。杰威尔找来了809名志愿者，分别进行了五次短暂的交谈，主题分别是：

——家庭
——事业
——交友
——未来
——性

通过对比分析，杰威尔发现，嘴唇宽厚的人，对"性"的话题很感兴趣，会表现出兴奋的神情；

嘴唇窄而薄的人更自律，冷静沉着；

嘴唇松弛的人中，70%以上的志愿者表示自己的意志力不强；

嘴角向下撇的人，在遭遇挫折时会出现消极情绪，这类人性格悲观；

嘴角上挑的人，90%以上都很乐观，对未来充满信心，即便遇到挫折也能够乐观面对。

巴尔肯还提到了另外一项研究，上嘴唇短的人中，85%以上的人虚荣心更强，因为他们更喜欢听赞美，遇到批评时，情绪就会很低落，甚至失去斗志，自暴自弃；而上嘴唇较长的人刚好相反，在遇到挫折，被人批评甚至是嘲笑之后，他们反而会越挫越勇。

三、影响力

通过对嘴唇形状以及嘴巴运动方式的观察，可以判断一个人的性格特质，继而进一步影响对方，这一技巧尤其适用于初次见面。

前面讲到过笑容背后的秘密，既然要通过嘴巴的动作进行判断，那么通过制造笑点，结合笑容微表情，便可以更好地看懂一个人。

假设你最近跳槽到一家新公司担任部门主管，对于眼前的下属们并不熟悉，而公司正好有一个新项目需要对接人，这时你可以通过观察嘴巴的动作确定人选,方法就是制造笑点。你可以利用午餐时间与同事随便聊聊,然后讲几个有趣的笑话,看看他们的反应。

1. 豪放式狂笑

这种人笑起来幅度很大,会咧出一口大白牙,笑声非常洪亮。这些人性格外向,豪放直爽,而且身上大都有一种侠义精神。

如果新项目更多地涉及人际交往,则适合派这类员工前往,他们很善于交朋友。

2. 喜欢偷笑的人

这类人性格比较保守,笑的时候也比较克制,或者笑不露齿,或者会以手捂嘴。他们对自己要求很严格,工作中很拼,会为了目标不断努力。

如果是比较细致的工作,则适合派这类员工去,他们做事认真谨慎,而且自我管理很严格,任务交给他们完全可以放心。

四、知识点

1. 嘴巴抿成一条线。习惯在遇到困难时抿嘴的人,往往是性格坚强的人,在困难面前从不退缩,抿嘴预示着准备大干一场。这类人往往是人生赢家,因为不服输的性格让他们总是能取得成功。

2. 说话过程中用手捂嘴的人，说明对人心存戒心，或者试图掩饰什么。

3. 嘴角微微上翘的人一般性格随和，心胸豁达。上翘的嘴角预示着他们乐观的性格，这类人往往拥有不错的人际关系。

4. 说话时嘴巴下撇的人往往性格固执，不容易沟通，如果对方认定了某件事，所有试图说服他们的行为都是徒劳的。

5. 下嘴唇往前撇的人极富冒险精神，而且自尊心很强，一旦觉得别人说得不对，就会立刻反驳。

6. 说话时噘嘴就很容易理解了，意味着心情不爽。

7. 习惯咬嘴唇的人，一般具备很强的分析能力，咬嘴唇代表他们正在思考。

8. 说话时嘴巴不自觉抬高的人往往比较傲慢，人际关系较差。

9. 说话过程中，如果观察到倾听者嘴角向后缩，表示他们正在思考。

第二章

谁被动作出卖了?

【测一测】超级有趣的行为测试

　　这个有意思的测试源自于日本的[USAUSA~UNO SANO URANA]性格诊断，研发者利用人类左右脑各司其职的特性，设计了两个简单的惯性动作，分辨出受试者习惯用左脑（主理性、语言、计算、分析）还是右脑（主感性、直觉、想象、创造）来作为解读信息的"接收脑"，以及决定怎么说、怎么行动的"传达脑"，进而了解一个人的潜在性格与行为模式。

　　既然测试这么有趣，还等什么呢？一起来测测看吧！

　　研发者设计了两个动作：

1. 两手十指交握：

　　A. 左手拇指在上→"U"

　　B. 右手拇指在上→"SA"

2. 双手交错抱胸：

　　A. 右手掌在上→"U"

　　B. 左手掌在上→"SA"

将动作1和2的结果组合起来查看：

　　动作1反映一个人"接收脑"的惯用情形，U代表接收信息时优先使用感性为主的右脑，SA表示接收信息时优先使用理性为主的左脑。

动作2反映一个人"传达脑"的惯用情形，U表明传达信息时优先使用感性为主的右脑，SA则意味着传达信息时优先使用理性为主的左脑。

现在我们可以看结果啦，两道题的答案经排列组合，一共有8种结果：

1. SASA（女）

性格：内心强大的女子

在职场上是精明能干的女强人，在生活中亦是坚强的女汉子，性格独立，不愿意依赖别人。

2. USA（女）

性格：温柔，善解人意，倾听者

这类女子性格温柔，善解人意，绝对是好闺密，因为她们很善于倾听。

3. UU（女）

性格：凭直觉行事的仗义侠女

活力四射、性格直爽的女中豪杰，敢爱敢恨，来不得半点虚伪，一切都是出自真心，因此人缘极好。生活中也是大手大脚，尤其在购物时，完全凭感觉，只要喜欢，就要买买买！

4. SAU（女）

性格：阳刚味十足的大姐大

这类女性责任感很强，对别人很照顾，因其阳刚的性格，很容易成为大姐大式的人物。不过，她们的控制欲较强，可能会因此损害人际关系。

5.SASA（男）

性格：超级理性的数字人

完全以左脑为主的男性，习惯按计划行事，以数字为行事准则，很少感情用事，同理心较低。缺点是给人木讷、不近人情的感觉，有时甚至极端固执。

6.USA（男）

性格：情深义重的男子

这类人表面冷酷、不近人情，熟悉之后就会发现，他们很重感情，一旦他们认准你，绝对愿意为你两肋插刀，这类人最适合做兄弟，婚姻中也是重情义的好男人。

7.UU（男）

性格：乐观开朗

这类人率性天真，性格乐观，相信自己的直觉，总是一副信心满满的样子。缺点是情商不高，只关心自己感兴趣的事。

8.SAU（男）

性格：智囊分析者

喜欢理性思维，擅长分析，探求真理，性格冷静沉着，不喜欢争论，只愿意静静地观察。缺点是性格有些孤僻，或者是给人一种不容易交往的感觉，因此朋友不多。

【现象】别让肢体动作毁了你

为什么要学习微表情与微行为？因为这些细微的表情、动作会在无意中揭示一个人的所思所想、性格心理，也就是说，别人完全可以利用这些细节看透你，从而全面掌控你。

真的有这么可怕吗？当然了！面对识人高手时，很多不经意间的小动作都可能毁了我们。尤其在面试的时候，一个细微的肢体动作就可能让人远离一份梦寐以求的工作。

Tommy，毕业于名牌大学，从事项目管理工作，拿着令人羡慕的高薪。然而由于所在公司不景气，他被裁员了。可是Tommy刚刚贷款五百万买了一套房，每个月还款压力很大，所以他急着找一份新工作。

这时，一位猎头给他打来电话，邀请他前去面试。这家公司跟Tommy之前的单位比起来，无论规模、实力还是名气都差得很远，但是由于Tommy比较着急，所以还是决定过去谈谈。

Tommy综合考虑了公司以及自己的处境，提出一个还算合理的薪资要求，这也是促成这次面试的重要因素。在Tommy看来，自己已经是纡尊降贵了，所以在面试过程中表现出一些不合时宜的表情与动作。

实际上，该公司给出的薪水已经是他们能支付的顶薪标准，这也显示出对人才的强烈渴求与诚意。然而，在面试的过程中，Tommy 的一些行为惹恼了负责人。

当负责人谈到一些公司不尽如人意的情况时，Tommy 会表现出一些微行为：下巴抬高、嘴唇上噘、嘴角下拉、眼神斜视、身体后仰等。

公司负责人是身经百战的职场老手，而且也做过人力资源方面的工作，看出这些都是轻蔑的标准动作。之后，负责人早早退场，只留下人事总监走完下面的流程。人力资源总监也明白领导的意思，很快便结束了面试。

对于 Tommy 来说，这份工作虽然并非梦寐以求的职位，但绝对可以用来应急，完全可以缓解每个月三万多元的贷款压力。据说，后来 Tommy 迟迟没有找到工作，不得不向朋友借钱还贷款。

换位思考一下，如果你是老板，面对一个非常优秀却对你的公司一脸不屑的员工，你该做何选择？

如果没有经过专业训练，我们每个人的真实想法都会反映在不经意间的微表情与行为之中。所以，当我们与高手过招时，最好在这方面下点功夫，不要被自己的肢体动作出卖了。

躲避与掩饰是人类的本能，这些无意识状态下的动作与表情，正好是每个人内心的真实写照。因此，想要掌握一个人内心的真实想法，读懂微表情就够了，一旦洞察其心，你就知道接下来该怎么说、怎么做，才能在人际交往中占得先机。

年轻的时候，我在一家公司做得很不开心，忍了好久，后来终于受不了，找到老板提出辞职。那会儿没什么经验，以为一定会吵一架，刚刚开始谈，我的双臂就不自觉地交叉在胸前。我看到老板的瞳孔明显放大，对我这个动作似乎很熟悉，接着他笑了笑，一改平时严厉的一面。一个人双臂交叉，表明了一种敌意，说明当时神情很紧张，不愿意接受他人意见。老板显然读懂了我的肢体语言，意识到我的心意已决，也就不再多说什么。

为了这次谈话，我思前想后准备了好久，预备了各种说辞、意见，甚至想跟对方大吵一架，指出其工作中的不合理之处，然而由于我轻易被读懂，预先准备好的一切都没有派上用场。

试想一下，如果在商业谈判中，你被对手看穿，将会带来多么大的损失啊。

【技巧】观手识人：手势的解读与操控

一、导读

看手识人，基本方法是观察手的形状，做出初步判断，之后再结合手势进一步判断，这样可以有效提升准确率。根据手型判断一个人的性格似乎并不是十分准确，或者说没有科学依据，不过根据各种手势，的确可以看出一个人的性格。

二、案例

美国南北战争期间，弗吉尼亚州的一位议员建议联邦政府放弃萨姆特、皮肯斯城堡以及南方各州的联邦产权。林肯听后并没有直接反驳，而是讲了一个寓言故事：

一头狮子爱上了樵夫的女儿，女孩很漂亮，也很喜欢狮子，她让狮子去向父亲提亲。狮子找到樵夫，樵夫对它说："你的牙齿太长了。"

狮子把牙齿拔掉后再来提亲，樵夫又说："你的爪子太长了。"

这次，狮子把爪子也拔了。

樵夫见狮子解除了"武装"，既没有坚硬的牙齿，也没有锋利的爪子，于是鼓起勇气掏出枪，朝着狮子的脑袋就是一枪，打死了狮子。

林肯讲完故事，握紧拳头，语气坚定地说道："我不允许自己落得和这头狮子一样的下场！我绝不会听任何人的摆布！"

从林肯"握紧拳头"的动作可以看出，当时的他非常气愤，而且显示出果断、坚定以及超级自信的强大力量，这也是在向这位议员表明自己的态度。

三、影响力

识人先看脸，主要是眼睛，其次就是看手。从某种程度上说，手势是人的第二张面孔。手的运动会传到大脑不同的位置，大脑的活动也会通过神经传到手部，其中包括各种潜意识。

人们在说话的时候，会习惯性地辅以肢体动作，目的是更好地表达。所以，观察手的动作，然后根据不同手势进行判断，有助于了解对方的性格、心理以及当时的想法，从而更好地实现掌控目的。

例如，看到一双布满老茧的双手，至少可以判断出对方经常从事体力工作；握手时手心潮湿，说明对方很紧张，如果是初次见面，很可能意味着对方是一个内向的人。下面我们进行具体分析：

1. 握紧拳头。表示当事人情绪亢奋，可能是愤怒所致，也可能是由于异常兴奋。握紧拳头表示一种情绪，也代表自信与力量。可根据当时的具体情况进行判断，如果对方表现出愤怒的情绪，那么最好不要再激怒他，否则将会不可避免地发生争吵；如果对方处于亢奋状态，如演讲过程中握紧拳头，则代表自信，可以趁热打铁，顺势进行激励。

2. 双手紧握。在谈判过程中，双手紧握代表忧虑、焦急，处于下风的一方经常会做出这样的动作。对此，谈判专家尼伦伯格与卡莱罗进行过专门的研究，结果显示，如果有人在谈判中紧握双手，则表明其内心的焦虑和消极情绪开始蔓延，也就是说主动权已经到了对方手里。

在实际应用中，一旦发现对方出现紧握双手的动作，就要意识到他们很可能处于焦虑之中。如果是谈判，你可以利用这一点乘胜追击；如果是闲聊，你可以安抚对方的情绪，让他们放松下来。

紧握双手的三种姿势：双手握紧举至脸部，或者单手握紧放在嘴前；将手肘支撑在桌子或膝盖上，然后握紧；站立时，双手在小腹前握紧。

3. 尖塔式手势。即双手指尖合拢，但掌心并不接触的手势。这种手势反映了一种自信的态度，经常出现在上下级沟通时。你可以回想一下，当领导向你提出建议时，是不是曾经做过这个手势。当一个人做出这种手势时，说明他很有信心，假如下属在接受任务时做出这个动作，那么说明他胸有成竹，可以放心地将任务就交给他。

当然，如果你试图说服对方，最好不要用到这种手势，因为你的自信在对方看来，更像是一种傲慢的表现。

4.十指交叉。当一个人做出这种手势时，情况就比较复杂了，要结合环境、对方当时的心情等因素。如果十指交叉自然放置，说明对方心态放松，而且充满自信。如果在谈判过程中对方做出这种手势，一般是在表现一种胜券在握的姿态，想要说服对手就会很难。

如果是十指交叉双手紧握，则代表紧张、焦虑等消极情绪。说明对方已经产生了挫败感，适合乘胜追击，一举击垮对手。

十指交叉放在胸腹之间，则说明此人已经在心里拒绝了你。这时要么立刻采取行动进一步沟通，要么索性放弃。

十指交叉双手拇指向上伸直，说明此人兴致正浓，这时可以继续深入交流。比如，与客户洽谈合作意向时，如果看到客户摆出这个手势，销售方完全可以进一步洽谈细节，争取敲定合作。

十指交叉眼睛平视对方，这是失去耐心的表现，这时应该把话语权交给对方，根据对方的意见继续交流。

十指交叉放在脸前，这个动作是在告诉你"别说了，该结束了"。这是一种否定的姿势，如果你不想浪费时间，应尽快结束这次谈话。

四、知识点

1.《大众科学》曾专门针对女性常见的肢体语言做过解读，认为在女性传达信息的过程中，单纯的语言成分只占7%，声调占38%，另外55%的信息都需要由非语言的体态语言来传达。

2. 需要做决定时，频繁用手触摸鼻尖，说明犹豫不决。

3. 如果是女性，经常用手摸耳朵，说明她对你说的话产生了怀疑。

4. 用手捂嘴很容易理解，如果你提出一个想法，对方下意识地做出这种动作，说明她在掩饰内心的想法。

5. 用手在面部摩挲表示对谈话没有兴趣，心不在焉。

6. 指尖下意识地轻敲桌面，表明此刻正在思考或是陷入思维困境。如果面对问题，也代表正在犹豫。不过也有人用这种方式减压。

【技巧】握手知性情：养成握手的习惯

一、导读

握手的动作是从古代的一种手势演变而来的。在野蛮时代，古人为确保安全，见面时都会将双手举起来，这是在向彼此示意自己没有携带武器。在罗马帝国时代，人们问候的方式是抓住对方的前臂。到了现代，握手逐渐成为世界通行的问候礼仪。

握手是一种很重要的个人习惯，也是一种礼节。在发达国家，人们已经习惯了这种方式，国人因为含蓄的性格，并不习惯主动握手。实际上，初次见面，握手是一种很好的识人手段，通过握手可以了解对方的性格，从而更好地进行沟通。

美国的一些心理学家通过调查研究得出：一个人与他人握手时所采用的方式最能反映出他的个性和态度。可见，握手识人有其科学依据，同时 FBI 也认为，通过握手识人，还可以掌握说话的主动权。

二、案例

看过一则关于俄罗斯文豪屠格涅夫的逸闻趣事：

一日，屠格涅夫在散步的时候遇见一个乞丐，这个可怜兮兮的家伙伸手向他乞讨。屠格涅夫赶紧摸摸口袋，结果发现自己没带钱。可是屠格涅夫真的很想帮助他,他知道如果自己随口说一句"没带钱",很可能会像那些冷漠的路人一样伤害到乞丐,于是他紧紧握住乞丐的双手,真诚地说:"对不起,先生,我忘了带钱出来。"

没想到,乞丐笑了,眼里充满了感激的神情。

在这则小故事中,屠格涅夫通过握手感染了乞丐,让他的解释变得更可信、更真诚。

一次握手能否改变一个人?我认为不太可能,但至少可以在短时间内影响对方。此外,握手更重要的作用在于识人。

Cindy是一位很聪明的女孩,前段时间朋友给她介绍了一个不错的工作机会,约好了直接去见某4A公司的广告总监。Cindy准时赴约,但是广告总监非常忙,等了很久才见上一面,Cindy主动握手,刚要说话却意识到这次握手并不成功。销售总监只是轻轻握了一下Cindy的手,甚至没有仔细看她一眼,然后就忙着接电话、安排工作事宜。

人事部的小姑娘让Cindy再等等,总监一会儿不忙了再接待她。Cindy很聪明,她知道双方是初次见面,而且是朋友介绍,对方完全没有理由轻视她,所以肯定是因为事务繁忙,这时对方的情绪肯定比较焦虑,并不适宜面试。

想到这里,Cindy找到HR,表示总监很忙,她也非常理解,这次就不添乱了,等下次再来拜访。

没过两天，Cindy 接到了总监亲自打来的电话，对上次的失礼表示了歉意，并约在星巴克详谈。洽谈很顺利，Cindy 也获得了一份不错的工作。

漫不经心的握手，要么是轻视，要么确实比较忙。Cindy 不想浪费这次机会，如果她继续等下去，虽然有可能当天就能等到面试，但是很可能聊不出什么，甚至几句话就被打发掉，这次好机会估计也就泡汤了。

Cindy 通过握手看出了其中的玄机，从而选择了更好的方式，赢得了这份工作。

三、影响力

1. 标准握手。代表了双方平等的地位，手掌垂直，力度一致，辅以眼神交流，这样的握手姿势是自信的表现。这种方式说明彼此平等，是一种比较常见的姿势。看不出什么端倪，只能判断对方很自信。

2. 支配式握手。掌心向下倾斜，这样另一方只能将手心朝上。掌心朝下握手的人，更多地是为了表现自己的优越感，说明其性格傲慢，目的是显示其支配地位。一般在领导与下属握手时较为常见，尤其是在官场中。

面对支配欲强的人，如果对方是你的上级，那么顺从是最好的方式，这样会为自己赢得更有利的境遇。如果双方是平等关系，你又不想迁就，那么没有必要一味退让。

3. 谦恭式握手，也称为顺从性握手。与支配式握手正好相反，具体姿势就是掌心向上倾斜。如果是有意识地做出这种姿势，说明这类人性格谦恭，为人低调，很有涵养；相反，如果是无意识做出这种动作，说明其性格软弱，甘愿处于从属地位。

如果是第一种情况，沟通时要谨慎，避免出丑；对方低调、谦恭，很可能是见过大场面、阅历丰富的人，不宜得寸进尺，掌控不成反被羞辱。如果是第二种情况，则可以利用对方的性格弱点，提出进一步的要求。面对这类人，可以采用主动进攻的方式，有助于更快实现诉求。

4. 握得很紧，但只握一下就立刻松开。这种握手方式说明对方性格多疑，而且多是比较自私的人。与这类人交往要谨慎，即便表面上表现得很友善，也不要轻易交底；同时，掌控对手也很容易，只需要给他们一点甜头，就可以进一步做出判断。

5. 握手时力度很大。也分为两种情况，可以注意观察对方的表情，如果不是刻意为之，很可能只说明他是一个性格乐观、内心真诚的人，也可能是比较木讷、直率；如果是故意为之，就是一种示威，这样就需要谨慎应对，小心不要说错话。

6. 转换式握手。实际上就是在相互较劲儿，握手时故意转换，把对方的手压底下，这是在告诉对手"我占上风了"，表示自己争取到了双方交往的主动权。这类人攻击性较强，性格争强好胜，不过有勇无谋者较多。与这类人交手适宜智取，不宜硬碰硬。

7.握手时稍显迟疑。对方伸出手以后，他们总是慢半拍。反应慢，说明这类人较内向，缺少判断力，做事不够果断。应对这类人，可以采取主动进攻、提升节奏的方法，比如加快说话速度，不给他们反应的时间，这样更容易实现自己的目的。

四、知识点

1.心理学研究表明，初次见面主动握手的人，往往是为了给人留下能力强的印象。

2.FBI有一种"询问握手法"，就是在审讯之前轻轻地与嫌犯握手，之后每当谈到关键点时，边说"让我们慢慢谈，好吗"之类的话，边握对方的手。如果第一次握手时嫌疑犯的手掌是干的，而谈话过程中渐渐变湿润，则可以推测出此人有所隐瞒。

3.有时候，握手是为了闻气味。科学家研究发现，人们在握手之后往往会闻一闻，而这个"闻"的动作会被抬手接触脸部的动作掩饰过去——比如，假装挠痒。虽然很多人都没有意识到自己做了这样的动作。

4.英国曼彻斯特大学心理学教授杰佛里·贝蒂总结出了一个"完美握手动作公式"，具体动作要领如下：不分男女，先伸右手，完整地握住对方的手，保持一定力度；其次，要确保手掌干燥清爽，以中等速度均匀摇动约3下，时间不超过2~3秒；最后，在握手的过程中必须要有眼神交流，面露微笑，搭配贴切的称谓打声招呼。

5.美国伊利诺伊大学心理学教授弗林·多科斯发现，会握手的人，更容易促成合作。他招来18名志愿者，让他们观看商业人士首次见面的录像。当出现握手情节时，志愿者大脑中的伏核区域变得异常活跃，该区域对"施行奖励"非常敏感。这表明握手能产生积极的社交评价，增加双方的好感。

【技巧】疯言脚语：脚下动作露玄机

一、导读

腿部、脚部的微动作经常被人忽视，实际上任何微动作都是有其用意的，只要不是偶发行为，都可以从中窥探出一个人的小秘密。比如欢乐脚，是指人们在高兴时双腿和双脚一起摆动或颤动的样子，这是一种非常可靠的信号，反映出一个人当时的心情，表示他正在得到他想要的，或者在某件事上占据优势，扬扬得意。

二、案例

抖腿是一种常见的现象，很多人看不惯，很多人又习以为常。看不惯的人心里闹腾，总想让对方停下来；习以为常的人表示"你管不着""抖死你"。

暂不提水火不容的两方，而是通过这个微行为分析一个人的心理状态。最普遍的说法就是，当人们内心焦虑不安时，或是对某件事情不满时，通常会频繁抖腿。

这种现象很常见，以我为例，每次写文章没有灵感时就会烦躁，一烦躁就会不由自主地抖腿。也有人劝我别抖腿，我估计是影响到别人了，让他们也跟着烦心，有时候还会看到同事也被传染，跟着我一起开始抖腿。

为了他人着想，我试着抑制冲动，不再抖腿，可是焦虑的心情没有任何减缓,反而变得更糟,因为依旧没有思路,做事效率大大降低。

后来我才知道,抖腿并不会让心情更加焦躁,反而有助于放松。科学家对人的心理和身体的关系做过调查,结论显示,若是连续给予身体的某个部分小小的刺激,就能透过中枢神经来刺激大脑,使紧张的精神放松。

坐久了就会不舒服,不舒服就想站起来四处走动,这样势必会分散注意力,而抖腿的行为可以缓解这种情况,让人更加专注。此外,抖腿还能让人告别昏昏欲睡的状态,变得兴奋起来,这样也有助于提高工作效率。

综上所述,一个人抖腿时,可以结合他的表情做出判断,如果愁眉不展,说明对方此刻心烦意乱;如果面无表情,或者是专注于工作,则说明对方的抖腿是无意识的,他正专注于自己的事情。

还有一种抖腿情况是紧张所致。比如,一位贪腐的官员,平时很有素养,站姿、坐姿都很标准,然而当被反贪局带走调查时,开始还能故作镇静,一旦问到关键问题,腿部就会出现轻微抖动,这个细节就能说明他此刻非常紧张。

再来看看美国 FBI 的特工 Jay 是怎么做的:

Jay 与一起恐怖袭击的嫌疑人对峙了很久,对方没有出现任何破绽,然而当 Jay 提出一个关键问题时,嫌疑人停止了抖腿，微微震颤了一下，之后马上重新开始抖腿，并回答自如。

Jay 由此断定，嫌疑人有所隐瞒，并以刚才那个关键问题作为突破口，继续深挖，终于攻破了嫌疑人的心理防线。

在极度紧张的情况下，我们的身体会不受意识控制，即便努力装出镇定自若的样子，也会被一些微行为所出卖，比如抖动的腿脚。只要善于观察的人，完全可以注意到这类细节，从而做出进一步的判断。

再来看一种突然停止抖腿的行为：

有一个小流氓因为打架斗殴被公安局抓了，开始问话的时候一直是一副满不在乎的样子，头一歪、嘴一撇，没事儿似的抖着腿。结果，警察在一阵严厉的训斥之后，告诉他很可能被刑事拘留，此时他意识到后果的严重性，马上坐直了，腿也不抖了。

小流氓开始抖腿的行为是一种习惯，但是后来突然不抖了，是因为冻结反应，这是一种本能的防御策略，当人们感受到威胁时就会立刻保持静止状态。不仅人类如此，动物也是。一头羚羊正在烈日炎炎的大草原上悠闲地吃草，突然意识到狮群正在靠近，这时它会停下所有动作，将头抬高，尽量用眼睛、鼻子、耳朵和身上的每一根毛发来判断危险与否。一旦确定危险，就会立刻逃跑。

三、影响力

1. 欢乐脚。出现此类微行为时,说明心情不错,同时也是一种自信的表现。假设在玩牌的时候,一方出现欢乐脚,就可以判断他很可能抓到了一手好牌,接下来该怎么出牌就要小心了。

2. 转向脚。通常情况下,人们都喜欢将自己的身体转向自己喜欢的人或物。因此,如果在沟通中,对方一只脚向外撇,没有对着说话的人,则说明他有意结束对话,想尽快离开。或者说,对方不喜欢你。

3. 脚尖上翘。做出这种动作,一般是因为情绪不错,比如聊到高兴的事,兴致高涨。如果是面对客户,说明销售员的话引起了客户的兴致,这时最好进行更深入的交流,促成交易。

4. 后脚跟翘起的起跑姿势。这种动作同样说明对方有意离开,这时你需要抓紧最后的时间作重点陈述。

5. 双腿分开。这类人一般性格豪爽,不拘小节,喜欢直来直去。与这类人沟通,切忌拐弯抹角,应直抒胸臆。

6. 说话时脚掌不断拍地。说明这个人性格自私,说话过程中不顾对方感受。与这类人合作要小心,因为他们常常会为了达到目的不择手段。

四、知识点

与女性约会时,对方一只脚伸往男方的方向,往往意味着她对眼前人颇有好感。若将双腿靠向自己,则代表她不喜欢对方。

曼彻斯特大学心理学系主任杰弗里·贝蒂教授分析说:"大部分人知道自己的面部表情是什么,可以戴上微笑面具,可以掩饰眼神;有人注意到自己的手正在做什么;但除非我们刻意去想,否则完全不知道自己的脚在干什么。"

贝蒂教授表示:"每个人都关注眼睛和脸部,但人们善于控制(那些部位的)动作。因此,是否说谎的可靠迹象是脚部动作。"

英国心理学家莫里斯也表示:"人体中越是远离大脑的部位,其可信度越大。"人体距离大脑中枢最远的部位非脚莫属。因此,脚比其他部位更诚实。

【技巧】走姿识人：走路姿势暴露性格

一、导读

每个人的走路姿势都是不同的，它能反映每个人的心理状况，利用这点，能够巧妙识别人们当时的境况，从而做出判断，还可以从平时的走路姿势，看出一个人的性格。

二、案例

维斯特·杰米瑞是某贩毒集团的老大，有一天深夜3点，他走在奥兰多的商业街上，然而他并不知道，自己身后紧紧跟随着两名FBI特工。

这两名特工，年长的叫凯斯特，年轻的叫哈里斯，他们负责盯梢已经有段时间了，就是为了人赃并获，抓到维斯特·杰米瑞。

这一次，经验丰富的凯斯特发现了端倪，他对哈里斯说："今晚我们估计会有所收获，你看他走路的样子，跟平时不一样。"

哈里斯一脸不解，并没有看出任何端倪。

这时，维斯特走进了一家会计所，要知道已经是深夜3点，正常的会计所早就关门了。凯斯特断定，这家会计所一定有蹊跷，于是通知总部进行抓捕。

不出所料，会计所里面藏着大量毒品，FBI将维斯特逮了个正着。

事后，哈里斯问凯斯特是如何发现端倪的，凯斯特告诉他是因为维斯特的走姿发生了变化。维斯特之前走路的时候都是挺直腰板，一副很谨慎的样子，但是那天晚上却走得很轻松，还经常左顾右盼。

左顾右盼说明心里有鬼，走姿的变化说明他即将大赚一笔，非常得意。综合这些原因，凯斯特决定收网。

美国联邦调查局的资深心理学专家罗伯特·K.雷斯勒说："那些平时大踏步向前走的人通常都是身心健康、品行端正的人，不过这种人却十分好胜和顽固。因此，当这类人成为犯罪嫌疑人时，如果他们改变之前的走路姿势，那就说明他们有作案的动机。"

从犯罪嫌疑人走路的姿势判断其心理，这是FBI经常用到的一个破案手段，因为人在特定的心理状况下，走路的姿势会与平时不同。

三、影响力

1.习惯大踏步走路的人。这类人性格直爽，为人坦率，不过缺点是容易冲动，比较情绪化。所以，与这类人交往，可以根据对方当时的情绪作为判断依据。心情好的时候，跟他们谈判成功率更高；情绪糟糕的时候，最好不要招惹他们，否则会引起冲突。

2. 步伐小且急的人。不考虑腿短的因素，这类人一般性情急躁。如果你的领导正好是这种走姿，但突然接了个电话，马上变为大步流星，那么很可能说明其内心已经出奇愤怒了，接下来一定要小心行事，否则会被骂得狗血淋头。

3. 走路不抬脚的人。这类人走路喜欢拖地，穿什么鞋都跟拖鞋似的，说明他们性格消极，喜欢混日子。这种人缺乏上进心，如果是与他们合作，一定要盯紧点，千万别因为他们的拖沓影响自己的工作进度。

4. 走路速度较快的人。这类人属于行动派，性格干练，做事雷厉风行，对自己要求严格，自律性强，与他们合作会很舒服。

5. 走路速度缓慢的人。这类人属于慢性子，做事不紧不慢，人缘不错，但是与当下繁忙的工作节奏不搭配，缺少上进心，一般从事一些基础性工作。由于为人踏实，适合交给他们一些细致、不着急的工作。

6. 走路昂首挺胸的人。这类人非常自信，甚至有些骄傲，习惯以自我为中心，人际关系一般。他们思维敏捷，工作能力很强，非常适合成为合作伙伴。

7. 走路步伐齐整的人。这类人性格严肃，组织性、意志力都很强。一旦选定目标，就会坚定不移地朝着目标前进，因此成功者居多。

8.走路前倾的人。这类人走起路来有点像弯腰,表明他们性格内向,为人谦虚,不苟言笑,经常给人一种冷酷、不好交往的感觉。实际上,只要熟悉起来,就会发现他们是不错的朋友。

四、知识点

1.研究证实,改变走路姿势可以改变心情。垂头踱步的人很可能心情不好,如果继续这样走下去,只会让抑郁情绪加重;反之,如果试着昂首挺胸,加快步速,心情就会逐渐改变。这就是所谓的姿势效应。哈佛大学社会心理学家艾米卡蒂发现,如果你站得像一个有气场的人,挺起胸膛,双手放在臀部,你也会感到自己更有气场。

2.20世纪80年代有一个著名的实验,如果你把一支笔含在嘴上,就会调动微笑时的肌肉,这很可能让你的心情变好,就如同你在自发地微笑一样。

【技巧】点头示意：俘获人心的微动作

一、导读

点头示意不仅是沟通过程中一种很重要的礼节，这个动作还有更深层次的意义，就是附和说话的一方，让对方有兴趣继续讲下去。某种层面上，这是一种俘获人心的技巧，试想一下，如果你在兴高采烈地说，对方却一动不动，你还有兴趣继续下去吗？

二、案例

Peter是中关村一家电脑公司的销售部主管，周一刚上班他就接到了客户的投诉电话，原来他手下的员工小范没有按要求向客户推荐公司的专业维修网点，而是推荐了一家没有资质的小店，客户因为维修出了问题而非常不满意。

晨会之后，Peter就把小范留下谈话。如果换作其他主管，很可能上来就是一通臭骂，不过Peter是一位情商颇高的领导，虽然小范的低级错误让他很恼火，但是他依旧强忍着怒火，想听听小范的解释。

在谈话过程中，小范一开始有些抵触，认为肯定要挨批了，没必要过多辩解。不过，Peter边听边点头示意，并不时做出回应，询问他这样做的原因。

小范感觉领导很尊重自己，于是放下抵触心理，愿意进行更深入的交流。他把自己的想法充分表达了出来，原来他觉得指定维修网点太远了，而客户的电脑只是小毛病，随便一家小店都可以修好，至于最后出了问题，这是谁也没想到的。

Peter了解原委之后，并没有责怪小范，只是告诉他下一次按公司规定办事就好。由于Peter的态度，以及对点头这种微行为的有效运用，他轻松地避免了一场上级与下属之间的争吵。

三、影响力

人们的交流主要有两种形式，即语言交流与非语言交流。研究表明：某些情况下，通过语言交流传递信息的数量占全部交流信息量的35%，而通过非语言交流传递信息的数量约占总数的65%。可见，人们经常通过非语言传递各种思想感情，对语言起到辅助作用。

不过，现在很多人都忽视了非语言在交流中的作用。微表情、微行为都是非常重要的非语言交流技巧，在沟通中的作用很明显。

1.让对方赞成你的观点。这是一种说服技巧，也是一种心理暗示，只要对方不是强烈反对你，那么通过语言暗示加上点头示意作为辅助技巧，完全可以说服对方。

"你也是这样认为的吧？""你觉得我说得对吧？"通

过提问的方式，配合点头的行为，对方也会受到感染，跟着点头，内心产生积极的情绪，从而赞成你的观点。

身体语言是内在情感在无意识状态下的表露，如果内心持有积极或肯定的态度，就会下意识地频频点头。回忆一下，当你认同某人的说法时，是不是也跟着点头呢？既然如此，完全可以通过刻意点头的行为激发对方内心的积极情绪，从而实现把控的目的。

2. 通过改变点头的频率、强度表达态度。缓慢地点头表示初步认同，频繁地点头则表示强烈认同。了解这一点之后，完全可以向对方传递一种积极的态度。比如开会时，先从缓慢点头开始，逐渐加大力度与频率，这就是在向领导传递一种积极的信号，说明你在认真听，并且随着理解的加深，对领导的意见非常赞同。这样做完全可以让你成为一名受欢迎的聆听者。

四、知识点

心理学家曾在美国亚特兰大市的警察和消防队员招聘考试中做过一项实验。总共有 60 人参加了这次面试，整个面试分为三部分，每部分 15 分钟。第一部分是普通的对话；第二部分，面试老师不停地点头附和应聘者的说法；第三部分，面试老师在应聘者发言的过程中不点头。

结果表明，在面试的第二部分，所有应聘者发言最踊跃。因为面试老师不停地点头作为回应，让发言者更愿意积极地去阐述，获得一种满足感，从而更多地吐露真实的想法。

研究显示，倾听者每隔一段时间做出点头的动作（每次点头的次数以3次为宜），就会有效激发说话人的表达欲望，而且能够赢得对方好感，说话一方的表达意愿会比平时高出3～4倍。

以下是你应注意的几点：

1. 当说话一方兴致很高，夸夸其谈时，不点头的倾听者会让对方感到非常失望。

2. 机械性的点头由于幅度较小，并不能获得说话一方的信任，所以尽可能增加点头的幅度，夸张一些。

3. 过于快速地点头是在向对方传达一种不耐烦的情绪。

4. 点头的节奏一定要符合对方的谈话，如果跟对方所讲内容不合拍，很容易被识破，要么你是在敷衍，要么就是心不在焉。

【技巧】站姿识人：如何从站姿读懂性格

一、导读

一个人的站姿来自于平时养成的习惯，通过这种不经意间的肢体动作，可以准确判断出一个人的性格、心理。因此，通过站姿识人，也是一种很重要的识人方式。

二、案例

我们以警察的站姿举例，他们在执勤时的姿势属于明显的戒备站姿，尤其是美国警察，这是他们的标准动作。具体姿势是侧开向后一小步站立，双手置于脐下腰上，常见于搭在腰部装备上。这种姿势也被称为询问站姿。

询问站姿是警员在巡逻时，双手无事可做的情况下的常见站姿。这个站姿的主要目的有两个：第一，看护装备，防止遭人抢夺；第二，发生紧急情况时能在短时间内掏出装备。

美国警察的安全意识是非常强的，毕竟法律允许私人持有武器，所以在不确定对方是否持有枪支的情况下，这种询问站姿可以有效地保障他们的安全。

香港警察也采用类似的站姿，他们称之为"盘问位置"。香港警察学院枪械训练科的李兆华警长介绍说："盘问位置，从新警便开始学，其他叉腰抱胸等动作都没有，因为不合乎战术戒备原则。现时动作，外形不很粗犷，但有威胁，给人以压力感,在遭遇攻击同时,可以眼去看,腿去走,手沿腰带取不同层次武器或更换武力,亦合乎徒手控制原则,各种战术运用亦无冲突,所以采用。"

即便是脱下警服不执勤的时候,他们的习惯动作也不会轻易改变,所以可以就此做出判断,这类人防范意识极强,性格谨慎,而且给人一种威严感,会让别人感到一定的压力。甚至可以通过这些肢体动作,判断出他们的职业。

三、影响力

1. 昂首挺胸、双目平视。这种站姿说明三种情况:一是此类人非常重视形象,那么与其交往的时候就可以从赞美他们的相貌、服饰入手,能够轻松取得对方好感;二是此类人充满自信,积极乐观,说明他们性格开朗,擅长与人交往,跟他们交流会感觉比较轻松;三是对方当时的心情不错,如果你有事相求,这是最好的时机。

2. 自然站直。两腿自然伸直,既不紧张也不松垮,或微微并拢。这也是比较常见的站姿,这类人性格沉稳,为人踏实,喜欢脚踏实地,但是缺乏创造力,容易满足。如果你是领导,这类下属或许难堪大任,但是工作起来比较放心。

3. 单腿直立,另一腿或弯曲或交叉或斜置于一侧。这种站姿说明此人要么持保留态度,要么有轻微拒绝的意思,还有可能是感到拘束,缺乏自信。如果与同事沟通时,对方出现这类站姿,说明他们并不完全认同你的观点,这时你就要有意识地调整或者重新整理思路、话术了。

4.立正姿势。两腿并拢、挺直,脚尖向前,双腿共同支撑身体。这是为了向对方表示尊重的站姿,一般存在于上下级、长辈和晚辈、老师和学生之间。从这种站姿可以判断,对方是一个性格严谨的人,比较重视礼节,而且谨小慎微。

5.背手站立的人。这类人非常自信,一般具有较强的权威性,当然也可能是自视甚高者。如果是前者,说明他们的掌控欲很强,那么与其交往,最好是顺着他们的性子,这样更容易办成事。

6.双腿张开并伸直,两脚距离超过胯部,和地面形成三角形。如果你是足球迷,最先想到的一定是主罚任意球时的克里斯蒂亚诺·罗纳尔多,这种站姿可以说是他的招牌动作。这种姿势说明此类人喜欢挑战,好胜心强,而且充满优越感。他们会是很好的合作伙伴,但是要想成为朋友,就显得不那么平易近人了。

7.习惯双手插兜的人。如果不是青少年习惯性装酷,这个站姿说明这类人的城府很深,不会轻易向别人袒露心迹。如果你是销售人员,面对摆出这种站姿的客户仍滔滔不绝讲个没完,基本等于浪费时间。这种姿势表明客户现在心情不好,有心事,或者持怀疑态度,所以最好的办法就是另约时间。

四、知识点

你知道吗?工作中,站坐交替更不容易疲劳。

日本的研究人员发现，站坐交替的姿势，可以使身体负荷被有效分散，与长期坐着或者站立相比，站坐交替的姿势更不容易疲劳。

也有心理学家认为，站着办公的效率更低。有一种解释是，当你在站着办公时，可以看到其他坐着的同事的表情，那么就会不自觉地去解读这些微表情的含义，从而影响工作效率。

不过，一份来自德克萨斯州健康研究中心的研究报告表示，当他们对一家电话客服中心的工作人员进行研究后，发现相比一直坐着办公的工作人员，站着办公的工作人员的效率要高 46%。

这些不同的理论与不同的人及不同的工作性质有关，究竟哪种比较适用，还要看大家在工作中的体会了。

【技巧】坐姿识人：日常坐姿断性格

一、导读

行为心理学家通过长期观察，已经证明通过坐姿完全可以看出一个人的性格。因此，我们在外面谈事情的时候，坐姿也成为分析彼此性格的参考数据，可以作为一种心理博弈的资本。只要不是刻意保持某种坐姿，我们都可以从一个人的坐姿习惯判断其性格，准确率相当高哦。

二、案例

通过坐姿，我们可以判断出一个人的性格，继而看出对方是有趣还是无聊。更为关键的是，你可以进一步做出判断，实现说服的目的。这里需要注意的是，想要通过一个人的坐姿判断其性格，一定要看平时习惯性的坐姿，这样准确率更高。

当年，小唐还是一名大学生，能歌善舞，性格活泼，从高中时起就在旅行社实习。上大学之后，她开始更多地接触社会，找旅行社、婚庆公司实习，是一个非常上进的女孩子。不过，小唐也有一个问题，就是心理素质比较差。大四快毕业的时候，当地一家很有实力的公司来学校招聘，经学校推荐，小唐得到了这次难得的面试机会。

面试的时候，小唐的坐姿很标准，膝盖紧紧并在一起，小腿随着脚跟分开呈"八"字,两个手掌相对,放在膝盖中间。

小唐很重视这次面试,所以选择了标准坐姿,没想到却出了差错。该集团需要一名销售人员,由于校方推荐说该学生性格开朗,能力很强,所以才特意考察一下。面试官还特意叮嘱小唐,放松点儿,就是随便聊聊,但是小唐的坐姿自始至终没有变化。

面试官是一位很有经验的人,非常善于观察被试者的表情与肢体动作,对心理学颇有研究。小唐的坐姿反映出一种保守的性格,这类人一般比较严肃,不善于社交,并不符合该集团的职位要求。

尽管面试官看出了端倪,试图多聊一会儿,让小唐放松下来,但是她的坐姿始终未变,说明她一直很紧张,小唐也因此失去了这次好机会。

实际上,小唐是一位性格开朗的女孩,却刻意保持一种较为严肃的坐姿,等于自己断送了这次机会。

三、影响力

1. 温顺型坐姿。双腿、脚跟紧紧并拢,双手放于膝盖上,身体端正。平时采用此类型坐姿的人,为人谦逊,性格内向,有些人比较木讷,不善与人沟通。这类人比较封闭,不过他们感情细腻,同情心强,如果愿意花时间进一步接触,他们会是不错的朋友。另外,工作上这类人也很细心,适合做一些细致的工作,虽然缺乏创造力,但是把任务交给他们的话,一般都能完成得不错。

2.习惯跷二郎腿的人。这类人比较自信,性格乐观随和,跷二郎腿说明心态放松,不过这类人的缺点是大大咧咧,不适宜交给他们严谨的任务。

3.悠闲型坐姿。半躺而坐,双手抱于脑后,夸张一些的说法就是"葛优躺"。如果一个人平时经常采用这种坐姿,说明其性格随和,追求舒适惬意,但是他们的缺点也十分明显,那就是比较懒,意志力差,难堪大任。这些人心态好,欲望较小,"能干的干着,不能干的看着",他们就属于后者。这类人缺少上进心,在当下职场"人人都是工作狂"的环境下,显得有些格格不入。

4.习惯两腿分开,正襟危坐的人。这类人霸气十足,性格刚烈,决断力强。好斗是他们的天性,他们喜欢接受挑战。此外,他们拥有无与伦比的领袖气质,威严、庄重,给人一种无形的压力。看到这里,你也许想到了一个代表性人物——俄罗斯的总统普京。没错,网上搜搜他的坐姿照片,看着就让人感到威严。与此类人交往并不容易,不过如果有比较困难的任务,完全可以向他们求助,而且这类人的责任心很强。

5.平时坐姿随意,突然双腿并拢,手扶膝盖。这类人很可能受到环境的制约,比如有领导在场,或者与比自己身份高的人在一起。这种人性格活泼,为人处世灵活多变,擅长交际。不过,与这类人合作要谨慎,因为变化性很大,千万别被他们的小聪明给骗了。

6. 两腿伸长，一只脚搭在另一只脚上。这种人自我意识强烈，特别在意别人对自己的看法。与这类人相处，想要搞好关系也很简单，就是一切以他们为中心。这类人比较自私，只关心自己感兴趣的事，所以人际关系一般。

四、知识点

新西兰的科学家进行了一次实验，他们找到74名被试者，让这些被试者分别采取"歪斜"或"端正"的坐姿，并被带子捆绑住不能动。之后，被试者执行了一系列任务，以评估他们的情绪、自尊感和压力水平。结果显示，坐姿端正的人更热情、积极；坐姿差的人则更多地表现出恐惧、紧张、安静、迟钝、懒散等迹象。

研究人员指出，姿势端正的人自尊心更强，更善于交往，负面情绪更少。

加拿大多伦多市约克大学的学者们经研究后也发现，92%的人坐姿端正时比坐得歪斜更容易产生积极的想法。

第三章

如何在人际交往中胜出

【测一测】你的社交水平怎么样

莱恩是一位非常忙碌的商务人士,就职于一家裁员服务公司,工作就是告诉员工:"很遗憾,你被开除了!"莱恩辗转于世界各地,每年至少有320天都在飞来飞去。

莱恩秉持着独特的"背包理论",认为每个人最终都会孤独地死去,所以他不屑于婚姻、家庭,不想担负太多的责任。

由于莱恩的工作性质与独特的理念,他的人际关系可想而知。后来莱恩终于顿悟,不顾一切去寻找心上人,敲开她的家门之后,却看到了一个和睦的家庭……原来,孤独的只有他一个人。

人是群居性动物,离不开朋友。科学家指出,最终决定一个人幸福程度的不是金钱,而是圆满的人际关系。所以从某种程度上来看,你的社交水平决定了你的幸福度。下面让我们一起来做一个小测试吧。

1. 朋友邀请你去他家里做客,你会询问都有谁参加,如果有不认识的人,就会婉拒。
2. 面对陌生人时话明显减少。
3. 与陌生异性接触,会感觉很不自在。

4. 讨厌在大庭广众面前讲话。

5. 被逼无奈当众发言时，你不敢看听众的眼睛。

6. 相对于口头表达，你更愿意写。

7. 你的朋友不多，也不喜欢广交朋友。

8. 你只喜欢与聊得来的人交往。

9. 来到陌生环境就会不自在，甚至好几天不讲话。

10. 生活中，你不喜欢求人。

11. 你很少主动跟别人打电话聊天。

12. 你不喜欢到同事、朋友家串门，甚至跟亲戚也很少走动。

13. 平时与同事聊天还好，一旦领导在场就会感到拘束。

14. 即便理由充分，你也很难说服别人。

15. 当别人对你产生敌意时，你总是束手无策。

16. 你的性格内向，为人处世比较被动。

17. 遇到尴尬状况时会慌乱。

18. 你不善于赞美别人，总觉得是在拍马屁。

19. 你不喜欢参加聚会，即便是勉强参加，也只跟熟人交谈。

20. 与地位、身份比你高的人交往会感到自卑或者很别扭。

评分标准：

20道题，选"不是"得一分，选"是"不得分。

参考答案：

总分高于 10 分，说明你并不擅长人际交往，得分越高说明你的社交能力越差。

总分在 5~10 分，说明你的交际能力一般，交际意愿、技巧都有待提升。

总分在 0~5 分，得分越低说明你的交际能力越强，表明你是一个性格开朗、喜欢交际的人，而且具备不错的交流技巧。

【现象】咖啡馆提高办事成功率

　　人与人之间的交流是建立在互利互信基础上的，在工作中少不了求人办事的情况，那么在与人协商的过程中如何提高成功率呢？心理学家发现，人们处在跟工作有关的环境中时，很容易出现自私自利的心态，这并不利于提升办事成功率。因此，专家建议人们走出办公室，尽量选择咖啡馆之类的地方，这样可以有效减少对方的防卫心。

　　在掌握这个心理学技巧之前，我并没有意识到环境对于办事成功率的影响，当应酬多了之后，我想起了这一心理学现象，于是回顾一番，结果令我吃惊。

　　在之前的谈判、业务交流中，我选择地点总是比较随意，有时在办公室，有时在咖啡厅。随后我进行了统计，发现在与工作相关的环境下谈事情，成功率要明显低于其他环境。掌握了这项技巧之后，除非万不得已，否则我都会将会晤地点安排在诸如咖啡厅这种轻松舒适的环境中。

　　我发现，在这样的环境中，人们的防卫心理会有所改善，谈判更容易取得成功。

　　我曾经找到托马斯电子公司的副总Peter，想求他帮我一个小忙。我们有业务往来，关系还算可以，所以在得到允许之后，我开车来到他的办公室。

简单寒暄之后，我说明来意，想让他帮忙联系他们的一家客户，就算是牵个线，因为我了解到那家客户正在找咨询公司报价，而我们公司的业务范围正好符合他们的要求。

当时我认为这只是举手之劳，没想到却被婉拒了，我几天都没有想明白到底是为什么。

后来有一次，我约Peter去酒吧喝酒，其间相谈甚欢。喝了几瓶啤酒之后，我无意中提到了上次那件事，Peter才告诉我，他是因为怕受到牵连，所以不敢贸然答应。

我们两个人又喝了一会儿啤酒，Peter明显处于兴奋状态，我也很交心地跟他讲了其中的利益关系，保证不会危害到他的利益，让他意识到这单买卖只赚不赔。

过了几个月，Peter刚好约那家公司的业务经理见面，于是叫上了我。这一次我长了记性，没有再去办公室见面，而是约了一间很有档次的咖啡厅，环境惬意，三个人相谈甚欢。我没有过多地提到业务方面的事，只是顺带说了一句，没想到，一周之后，我就接到了那个业务经理的电话，让我们过去详谈。

谈判或与人交流时，最好选择能令人感到惬意的环境，这样可以有效消除对方的防范心理。心理学家发现，如果选择与工作相关的环境，那么人们会更容易考虑到利益问题，自保心理会相应变强，从而降低谈判的成功率。

此外，最好选择熟悉的地点，就像竞技比赛一样，在自己的主场作战，拥有天时地利人和的优势，才能发挥出更高的水平。

【小贴士】

地点推荐：咖啡厅、茶馆

环境要求：安静、私密、舒适

谈判环境的选择：

1. 天气：晴天，阳光明媚。

2. 光线：柔和的自然光，避免刺眼的位置。

3. 声响：室内应保持安静，远离临街嘈杂的环境。

4. 温度：恒温，空气清新。

5. 色彩：室内明亮，色彩鲜艳，和谐一致，有助于提升心情。

6. 装饰：洁净、典雅、大方，周围最好有花卉、绿植。

【技巧】在别人疲惫时提出请求

一、导读

卡尔顿大学心理学教授 Tim Pychyl 说过:"如果把意志力比作肌肉的话,那么有些人天生就跟施瓦辛格一样,有些人则不然。"

在说服他人的过程中,意志力是一项很重要的心理因素。研究表明,当一个人意志力处于低点的时候,最容易接受别人的观点。

二、案例

人在意志力薄弱的时候,不宜做出判断,因为进行判断是一件非常消耗意志力的事。研究发现,美国的法官们在进行罪犯假释听审时,午饭前的拒绝率会明显偏高,午饭后的通过率则会显著提升。

这到底是什么原因呢?

对于法官来说,做出让罪犯假释的决定是要承担很大风险的,一旦判断失误,这些人回到社会上继续犯罪,就等于放虎归山。所以,法官们在进行这样的判断时非常消耗意志力。午饭之前,由于饥饿导致意志力下降,法官们倾向于不承担风险,也就是尽量不给予罪犯假释;而午饭之后恢复了精力,法官们有能力权衡利弊并承担一定的风险,所以会给予一部分人应有的假释裁决。

再来看看以色列法院的情况，通常在上午 10∶30 左右时，假释委员会会进行短暂的休息，法官会吃上一块三明治和一片水果，目的是补充葡萄糖。

那些在休息之前出庭的犯人只有 15% 的可能性获得假释。对比之下，在法官刚刚吃过三明治和水果后出现的犯人，获得假释的可能性则高达 67%。

除了饥饿的因素，时间段也是影响法官做出判断的因素，罪犯在早上获得假释的概率更高，而在晚上获释的概率明显偏低。道理也是一样的，因为白天的时候法官精力充沛，晚上的时候意志力则会相对下降。

三、影响力

通过之前的讲述，我们已经了解到意志力降低会影响判断力，放到人际交往的范畴，这一点可以成为一项有力的武器。如果你试图说服别人，最好的时机是什么时候？

就是当对方意志力减退的时候！

例如，你想要跟领导请假，最好选择下班之前，这时候不忙，而且领导的精力经过一天的忙碌之后，基本消耗殆尽。此时向领导提出请求，被批准的可能性更大。

这项技巧并不难掌握，考验的是一个人的观察能力。如果在识人方面有一定经验，就能轻松看出对方脸上的疲态，选择在此时"下手"，说服对方的成功率一定不会太低。

需要注意的是，这种情况并不能套用到任何领域，比如你是销售员，如果在客户意志力下降，出现疲态时选择猛攻，客户很可能不会签单，甚至还会生硬地拒绝。因为客户此刻已经失去了兴趣，继续谈判并不合适。

这种技巧更适合提出请求，当一个人意志力下降时，很难拒绝别人并不过分的请求。例如下班之前，你想要请同事帮个小忙，他们可能连拒绝你的说辞都懒得想就帮你做了。

四、知识点

增强意志力最简单的方法，可能就要算睡觉了。研究表明，一晚高质量的睡眠能帮助大脑恢复到最佳状态。

科研人员表示，人们的意志力早上最强，之后随着时间的推移而减退。

根据意志力逐渐衰退原理，每天上班伊始，一定要选择处理最重要的事。

【技巧】人际吸引增减原则

一、导读

人际吸引增减原则也被称为人际吸引得失原则，指的是人们喜欢那些对自己的喜欢、奖励、赞扬不断增加的人或物，不喜欢对自己的喜欢、奖励、赞扬不断减少的人或物。

这是社会心理学领域的一个重要现象，由社会心理学家阿伦森与林德共同提出。在人际交往中，我们对别人的喜欢不仅决定于别人喜欢我们的量，而且还决定于别人喜欢我们的水平的变化与性质。

二、案例

在我家附近的菜市场，有一位小贩很受欢迎，很多人都愿意到他那里买菜。我很奇怪，于是也跟着凑热闹，跑到他那里去买，但是并没有发现他的菜与其他商贩的有什么不同，价格、品类、新鲜程度都差不多。

买了几次之后我才发现，这个小贩的水平很高。他跟其他商贩不同，假设客户要一斤小米，别人一般会装一斤二两，有些客户很较真，表示只要一斤，商贩只好从秤里往外拿，客户往往露出一脸不爽的样子。

而这个小贩则不一样，他每次称重之后，都会往里装，"我再送您两颗枣，好吃下次再来。"

这么做不仅利用了人们爱占小便宜的心理，还运用到了人际吸引增减原则。我不知道这位小贩是否学过心理学，但是他真的很聪明。

他不怕吃亏吗？当然不会，因为菜市场的秤从来就没准过。

再来看一个故事，这个故事有很多版本，我也是根据记忆中的内容演绎一番：

一位老人每天中午都要休息，但平静、有规律的生活突然在一年暑假结束了。原来，三个淘气的孩子发现了老人家后面的院子，觉得这里不错，他们三个每天吃完午饭就会在这里集合，玩弹球、捉迷藏、摔跤……一天，他们发现了一辆废弃很久的破车，居然开始用石头砸车玩。

老人被吵得实在睡不着觉，于是出来批评了三个孩子。当时虽然把三个淘气鬼赶走了，但是三人明显不高兴，第二天又回来了，这次变本加厉闹得更凶了，就像是故意在示威。

老人很聪明，意识到继续批评很可能激发孩子的抵触情绪，于是他用到了人际吸引增减原则。这天，他带着糖果出来了，并跟三个小家伙一起玩游戏，谁赢了就会得到糖果。

第二天，老人设计了新的游戏，拿着玩具车作为奖品。

第三天，又换了一个好玩的游戏，这次的奖品是玩具手枪。

就这样持续了一周，每次都有新游戏，每次的奖品都更高级。

不过,从第二周开始,老人就不再设计新游戏了,只是不断重复之前的几个游戏,奖品质量也开始下降,两颗奶糖、一本故事书、几粒花生米……

孩子们越来越失望。

到了第三周,三个小孩感到无聊极了,表示"再也不玩了,太没意思了"。于是,这三个孩子再也没来过,老人又可以继续安心地睡午觉了。

三、影响力

人际吸引增减原则是一种很重要的技巧,能够让你迅速赢得他人的好感,也可以让你快速毁掉在他人心中的好印象。以刚毕业的大学生为例,由于缺乏经验与相应的技巧,他们总是凭借短时间的热情行事,很容易弄巧成拙。

举例来说,很多新人刚来到工作单位都表现出积极的一面,有些人是真的,有些人则是装的。

小A刚上班那会儿,每天就是打杂,没什么别的事。他很早就来到公司,端茶倒水擦玻璃,表现得非常勤奋,也深得同事的喜欢。然而,他并不是一个勤奋的人,这一切都是装的,没过多久就原形毕露,表现出懒惰的一面,什么都不干了,同事们对他的印象也急转直下。

与小A一起进公司的小B,个人能力更差,也很懒惰,刚开始就不主动干活,然而同事们却习以为常。

实习期结束,有意思的现象出现了,小 A 被开除,小 B 得到留用。

如果你对此感到不解,好好琢磨一下人际吸引增减原则就明白了。

那么,在实际工作与生活中,到底该怎么运用这项技巧呢?

答案是关键时刻显身手!

就像俗话说的:雪中送炭胜过锦上添花。在关键时刻惊艳一把,让领导看见你的表现,更容易留下深刻的印象。除非你有能力始终如一地保持出色的表现,比如每次都是公司的销售冠军,否则,抓住机会,在关键时刻露一手,才是明智之举。比如你平时业绩一般,当公司到了淡季,或是老板下令要业绩时,你站出来做了贡献,当然就更容易被领导记住了。

四、知识点

美国社会心理学家阿伦森与林德做过一项实验,他们安排一位助手在被试者中,担任这些被试者们的临时负责人。在每次实验间隙,这名助手都会离开被试者们,向实验主持者汇报情况,其中会谈到对其他被试者的印象和评价。

经过巧妙安排，两间办公室只有一墙之隔，被试者刚好可以清楚地听到别人怎样评价自己。

之后出现了四种情境：

肯定——从一开始就用欣赏的语气赞美第一组被试者；

否定——从始至终都对第二组持否定态度；

提高——对第三组，前几次评价是否定的，后几次则由否定逐渐转向肯定；

降低——对第四组，前几次评价是肯定的，后几次则从肯定逐渐转向否定。

最后，研究人员出现了，问所有被试者是否喜欢这个助手（即假被试），让他们从 –10 到 +10 的量表上做出选择，结果发现，喜欢程度的平均分分别为：第一组 +6.42；第二组 +2.52；第三组 +7.67；第四组 +0.87。

结论如下：开始被否定然后慢慢转向肯定的被试，也就是第三组，给予实验助手的评价最高；相反，开始被肯定后来却慢慢被否定的第四组，给予实验助手的评价最低。

【技巧】用别人喜欢的方式交往

一、导读

"没有交际能力的人,就像陆地上的船,永远到不了人生的大海。"一句话点醒梦中人,你的人生如此不成功,也许正是因为人际交往能力太差。

良好的人际关系决定了一个人的幸福程度,同时也决定了一个人能否取得事业的成功。

二、案例

一次酒局,改变了小王的命运,或者说给了低谷中的小王一次新的机会。

小王的家境普通,父母都是工人,他因为对现状不满跑到了北京,努力打拼。小王做过很多工作,房产中介、快递员、服务员、物业……

我认识他是因为有一次一位律师大哥带他一起来喝酒。当时他是物业经理,这并不是一份高薪职业,然而从律师大哥的嘴里得知,小王每年至少30万的薪水。

见到他之后我就明白了,这与他的高情商是分不开的。小王很会来事儿,为人低调谦虚,总是主动端茶倒水,忙前忙后。

其实，小王工作很忙，那天下班就晚上八点多了，听到律师大哥叫他，尽管家里还有一些琐事，他也尽快赶来了。我发现他喝得不多，看来并不是喜欢喝酒，但是他说，只要是酒局就尽量参加，因为是结识更多朋友、遇到更多机遇的好机会。更重要的是，他之所以有今天，也是因为一次酒局。

酒过三巡，小王讲起了当年的故事。也是一次酒局，其间来了一位老板，一脸失意，原来最近生意不顺。小王很会察言观色，虽然不认识这位老板，也不胜酒力，他也陪着喝酒聊天。

听老板聊生意的不顺，聊当年的辛酸往事，激发了小王的感慨。小王也讲起了北漂的经历，当时他还在做房产中介，他讲了这些年的不容易，说起至今还住在地下室。又讲到责任感，为了家人，他每天工作14个小时，比其他同事都拼，薪水也多一些。

也许，每一个北漂都有一段辛酸史，小王的那段心酸往事，说进了老板的心里。老板留了小王的电话，之后他有一位做房地产的朋友，给了他一个物业的项目，于是他就把小王叫过去做了物业经理，从此才算真正改变了命运。

这个故事中，小王用到的就是人际吸引理论，谈论对方感兴趣的事，才能激发对方的兴趣，让沟通更深入。

三、影响力

用别人喜欢的方式交往是高情商的体现。电影《黑皮书》中的女主角之所以能混进德国军营，就是抓住了德国军官喜欢收集邮票的兴趣。

人人都喜欢钱，但是对于不差钱的人来说，直接送钱的效果反倒不如送他们喜欢的东西，这就是投其所好的艺术。所以在与人交往的过程中，一定要以对方喜欢的方式。当然，这么做的前提是希望与对方成为朋友。

1. 两情相悦定律。想让别人喜欢你，就要先学会喜欢别人。假设你是一位销售人员，一定要表现出对客户的好感，如果一脸敌意或者爱答不理，谁会买你的产品？销售专家伍奇先生曾说："推销员必须了解自己公司的产品，并且对产品有信心，工作勤奋，富有热情。但是，其中最重要的一点是他一定要喜欢别人。"

2. 钥匙理论。心与心之间上了一把锁，而真心则是一把万能钥匙，可以打开世界上任何一把锁。再高明的演员与伪装技巧，也比不上真心付出的效果。现代人最大的问题就是冷漠，更多的人习惯于自我封闭，生怕将弱点暴露给别人。实际上，试着敞开自己的心扉，也许就能打开别人的心锁。

3. 沉默的螺旋。该理论描述了这样一种现象：当人们的观点得到认同时，就愿意积极发表意见，积极参与；反之，如果某一观点认同者寥寥，即便自己赞同，也不会发表意见，而是选择沉默。

在人际交往中,这是一种自保策略,具有两面性。它既可以实现自保的作用,也会让你变得人云亦云,平庸无奇。那么,如何把握其中的度,就要根据当时的情况做出判断。根据交往对象不同,选择适合的方式。

四、知识点

1. 心理学研究表明,我们喜欢的人,也喜欢我们。

2. 接近吸引律,是指交往的双方存在诸多的相似点,这些相似点让他们彼此吸引。

3. 社会心理学家弗雷德曼 1969 年发现,对密切人际关系感兴趣的人,一般倾向于结构小些、更封闭一些的空间,认为这样才可以建立起必要的邻近性。

4. 有这样一个心理学实验,老师让全班同学把各自最讨厌的人的名字写在纸条上,不限人数。结果发现,在纸条上写名字最多的人,也是被别人写得最多的人;而写名字最少的人,也是被别人写得最少的人。

【技巧】异性效应

一、导读

异性效应,也称为两性相吸定律。这很容易理解,异性交往,会让彼此内心得到满足,产生愉悦感,从而激发内在的积极性与创造力。利用异性效应进行人际交往,可以激发情绪,让办事效率得到显著提升。

二、案例

对于男女之间是否存在友谊,美国科学家给出了相应的解答。美国科学家研究指出,不管单身与否,男女之间没有"纯友谊"。男性和异性的友谊是建立在"性吸引力"之上的;相较之下,女性大多认为和异性之间的友谊是可以建立在"柏拉图式的关系"之上,即心灵的沟通之上。

美国威斯康辛大学对此进行了相应的研究。威斯康辛大学研究团队邀请了88对年轻男女友人,并请他们撰写一份机密调查表,回答关于友情的问题,包括受异性朋友的吸引程度。

结果显示,男性不论单身与否,都希望自己对于女生是具备吸引力的,且如果有机会的话,男性希望能和异性朋友单独约会。更有趣的是，对于男性而言，不管女生是否单身，都十分具有吸引力；他们也常一厢情愿地猜想，女性朋友对自己是否充满兴趣。相较之下，女性大多认为和异性之间的友谊是可以着重于心灵沟通的，只有当她们的感情生活触礁时才渴望从异性友人身上获得更多慰藉。

此外，为了确保研究的结果可靠，研究团队还针对140位中年男女进行了相同的实验。结果发现，对于中年女性而言，异性朋友的吸引力已大为降低，除非他们还单身。不过，对于中年男性来说，中年女性还是具有一定的吸引力。

研究人员表示，该研究结果对于人们在长期的合作关系中可能保有"潜在的负面影响"。男女之间的关系在现今的社会里已经因为学习、工作和生活的紧密结合达到了前所未有的水平。然而，人类与生俱来的交配本能，还是可能在无形之中主宰人与异性交往的本意。

当然，异性朋友之间虽然不存在着纯粹的友谊，但所有参加问卷调查的民众都表示，从异性朋友身上，他们常能得到很好的建议，也常获得激励。由此可见，在生活中，异性朋友的存在，还具有相当大的积极作用。

三、影响力

1. 幽默感对于男女双方都很重要。研究人员发现，幽默感有助于男女双方维持更长久的关系。加拿大麦克马司特大学的埃里克·布雷斯勒表示，幽默对男女的重要性各不相同，女性会青睐经常令自己大笑的男性，男性则更喜欢被自己的玩笑逗乐的女性。

2. 交际魅力。有魅力的人，人缘都不会太差。如果说长相是天生的，后天的修饰则是靠个人努力。这里的修饰不只是脸蛋、衣着，还有个人修养、言谈举止等方面。说白了，就是让自己先变成绅士、淑女，到时再看看别人对你的态度吧。

四、知识点

1. 对称性高的舞蹈演员被认为更具吸引力。
2. 男人的体味对女人的感觉有重要影响。

【技巧】如何影响他人对你的看法

一、导读

　　大多数人比较在意别人的看法，很少有人能够洒脱到完全视他人如无物。不过，很多人忽视了一个关键点，别人对你的看法，很大程度上源自于你的自我认知。简单地说，如果你很自卑，就会觉得大家都在用鄙视的眼神看你，在嘲笑你；如果你很开朗，就会觉得大家待你很友善。

二、案例

　　有一个美国女孩，生来就患有脑麻痹，无法正常说话，只能用写字的方式进行沟通。不过，女孩并没有自暴自弃，反而凭借自己的努力拿到了美国艺术博士学位。

　　一次，她被邀请到学校进行演讲，会后一个学生问她："选择艺术道路的人往往都是追求完美的，观众对艺术家的眼光也非常挑剔，请问你从小就是脑性麻痹患者，你不自卑吗？有没有抱怨生活的不公平？"

　　问题一经提出，在场的人都很紧张，害怕这个尖锐的问题会刺痛女孩的心。然而，这个坚强的姑娘只是笑了笑，然后在黑板上写下了一行字："我这样看待自己，我的腿很长很美，我画的画得到了大家的好评，我的朋友和亲人们很爱我，在我讲课时大家都会很认真地听，身体缺陷是天生的，是我无法改变的。但是身体有缺陷不代表人的心灵和能力有缺陷。比起那些有着健康身体但心灵很丑陋的人，我是美丽的。"

写完之后室内变得鸦雀无声，接着她又写了一句话："我只看我所有的，不看我没有的。"几秒钟之后全场响起了如雷般的掌声，很多人流下了感动的泪水。

如果这个女孩换一种表述方式，说自己很自卑，这些年过得有多惨……人们对她的看法最多也只是同情，依旧会有很多人嘲笑她、鄙视她。

你怎样看待自己，别人就会怎样看待你。所以，我们应该了解人性的特点，努力让自己成为他人眼中的成功者，这样也会给你的工作与生活带来切实的好处。

三、影响力

1. 在别人面前呈现出最好的自己。每个人都有弱点，但是没有必要在陌生人面前暴露出来。如果你掩饰得很累，可以在最亲密的人面前毫无保留地呈现自己，因为他们会保护你。外界只会给你压力，别人只希望看到你最好的一面。所以，无论如何也要将自己的优势都展现出来，尽可能地隐藏缺点。当你在别人眼中呈现出完美的样子时，会获得更多的赞赏、信任、帮助，你的人生、事业也会更加成功。

2. 保持乐观积极的形象。没人喜欢与悲观消极的人在一起，所以无论你的性格如何，在与人交往、做事的过程中，保持积极乐观的形象很重要。

3. 塑造良好口碑。口碑在人际交往过程中的重要性不言而喻，良好的口碑可以让你更快获得信任。因此，你需要抓住机会充分展现自己的价值，给别人留下良好的第一印象，从而逐渐形成口碑。这样，你就可以利用口碑效应不断积累个人光环，赢得更多人的爱戴。

四、知识点

有一个很有意思的心理学实验，叫作伤痕实验。实验人员请化妆师在志愿者们的脸上画出一道非常逼真而且血肉模糊的伤痕，之后让他们用小镜子看看化妆的效果。随后实验人员拿走镜子，化妆师表示要在志愿者的伤痕处再涂一层粉，以防止伤痕不小心被擦掉。实际上，化妆师这个要求只是个幌子，目的是巧妙地抹掉化妆的痕迹。此时，志愿者的脸上没有任何痕迹，跟化妆之前一样。

随后志愿者被要求前往各医院的候诊室，观察人们的反应，在这个过程中不许照镜子。实验结束之后，志愿者表示，所有人都在盯着他们的脸看，而且能明显感觉出厌恶、不友好的态度。

实际上，由于他们的脸上没有任何伤痕，别人看他们的眼神也没有什么异样,那种感觉只不过是他们的自我感受。

如果你自卑,就会感受到歧视的眼光;

如果你自信,就会感受到羡慕的眼光;

如果你从容淡定,就会感受到平和的眼光;

如果你友善慈爱,也会感受到善意的眼光,

你怎样看待这个世界,世界就会怎样看待你。

【技巧】做别人的心灵疗愈师

一、导读

当人们身体出现问题时,可以用药物治疗,但是心理出现问题,则需要情感安慰。"人"字由一撇一捺组成,说明人类是需要互相帮助的。谁的人生都不可能一帆风顺,都会不可避免地陷入低谷,这时,来自心灵的安慰,将会让失落者如沐春风。

二、案例

心理学有一个概念叫作安慰剂效应,也叫作假药效应,指虽然病人获得的治疗无效,但他们内心却愿意相信治疗有效,从而让症状得到缓解的现象。

这一概念完全可以用在人际交往中。当一个人心情低落时,可以通过有效的心理暗示帮助对方迅速走出阴影。这样,你就会很容易获得对方的信任,甚至成为朋友。

相比男性,女性大多更加感性,尤其在恋爱中,一旦不顺心,情绪就会出现波动。这时,最需要的就是一位善于倾听与开导的男朋友或闺密。

红红是一个很情绪化的女人,开心时哈哈大笑,伤心时痛哭流涕。每当情绪失控时,她就需要找人倾诉,否则就会越来越难过。

一次，红红因为买化妆品的事和男友吵起来，男友觉得红红挣得少，却在化妆品上花费太多。红红觉得女人不抽烟、不喝酒，买点化妆品没什么，再说爱美是女人的天性。两个人站在各自的立场上，你一言我一语，吵了一整天。

红红气坏了，于是找到闺密小晴诉说心里的苦闷。小晴是人际交往方面的高手，人缘非常好，因为她很善解人意。

听完红红的诉苦，小晴很快吃透了她的心思。她知道红红跟男朋友关系很好，这次只是一时不开心而已，所以并没有贬损她男友，而是让红红换位思考。她对红红说："你多想想男友平时是怎么对你的。每天的早餐是谁做的？晚饭是谁做的？家务活又是谁做的？"

小晴用心理暗示引导红红，让她一个人好好想想，然后接着说："你男朋友赚钱养家不容易，你也为他想想，如果化妆品必须要买，那嘴上让着点他，让他唠叨两句，也没关系嘛。"

这话说到了红红的心里，她很快平复了心情，和小晴一起去逛街吃饭了。

红红之前并不是每次生气都来找小晴，而是去找高中同学娜娜。但显然，娜娜并不了解红红的心思，她的家境不错，挣钱又多，男朋友也是富二代，每次听到红红抱怨男友，只会劝她赶紧分了吧，别让穷酸的男人耽误了。红红每次听后都更郁闷，所以后来就不再找娜娜了。

情感安慰是人际交往的重要技巧，到了这个阶段，如果你很善于安慰对方，那么友谊就会得到巩固，对方也会视你为朋友，在有需要的时候找到你。

三、影响力

1. 聆听对方的心声。人处于情绪低谷时，最需要的就是有人聆听，即便你不懂任何心理学技巧，只要做一个安静的聆听者，就会给对方很大的安慰。

2. 给对方一剂心灵安慰药。人是需要看到希望的，积极的心理暗示可以帮助对方走出消极的情绪，同时也可以让你成为一个好的陪伴者。在安慰别人的时候，要善于通过心理暗示引导对方的情绪，让他们看到积极的一面。

四、知识点

"安慰剂实验"是一项很知名的心理学实验。受试者具有相同程度的关节疼痛，研究人员把他们分为A.B.C.D四组，然后告诉A.B两组成员，他们服用的是镇痛药。虽然药片的形状、颜色都相同，但事实上两组被试服用的药并不一样，A组服用的是镇痛药，而B组服用的是无副作用的维生素。C.D两组成员被告知采用针灸治疗，但事实上只有C组接受了真正的针灸治疗，D组没有接受任何治疗，只是假装针灸。

实验结果显示：A.B两组成员的疼痛均有所减轻，说明在没有接受其他治疗的情况下，镇痛剂和维生素在止痛效果方面并没有明显的差异；同样，C.D两组成员的疼痛感也得以减轻，无论有没有得到针灸治疗，效果并没有明显的差别。

该实验说明，只要增加病人对治疗的期望，就可以从心理上减轻疼痛，从而使病情得到好转。

第四章

其实你比蔡康永还会说

【测一测】你的表达能力怎么样

俗话说得好,会干的不如会说的,足以证明口才的重要性。今天的职场,更需要复合型人才,也就是说,你不仅要有实干精神,还要具备良好的沟通能力;你不仅要会干,还要将做的工作充分表达出来,让别人知道你做了什么。

比如你想出一个绝妙的点子,坚信如果能实现一定可以获得成功,但是你没有启动资金,这时你就需要去找投资人。怎样说服投资人,拿到风险投资,只凭一份精美的PPT是不够的,你还要把你的观点、理念、未来趋势、投资回报等都说出来。投资人都是很忙的,如果你没有准备好,或者说话结结巴巴,我劝你还是不要浪费人家的时间。

表达能力是一种将自己的想法准确地传递给他人的能力,是人际交往的重要方法。通过下面这个测试,你将对自己的语言表达能力有个大致的了解:

1. 与人交流,想表达自己的情感时,总是用词不准,找不到恰当的形容词。

2. 当你试图表达自己的想法时,大多数时候别人都难以准确理解你的意图,即便使用肢体语言作为辅助,也无济于事。

3. 你不喜欢与观念不同的人交流,因为彼此理解起来有障碍,即便对方愿意听你说。

4. 你对长时间的交流感到恐惧与无所适从。

5. 在交流过程中因为无法准确表达，常常产生急躁情绪。

6. 你不愿意在公众面前发言，避免表达自己的感受。

7. 当与陌生人交流时，即便是打电话，你也会感到紧张。

8. 有困难时不愿意向别人求助，因为担心表达不清反而更麻烦。

9. 除了工作需要，生活中你会尽量减少与人沟通，即便内心很想表达自己。

10. 每次跟上级汇报工作，都需要提前进行详细的准备。

11. 与职位、资历更高的人谈话时会感到紧张，即便你对所谈内容非常熟悉。

12. 即便是准备好的内容，一旦思路被打断，表达就会变得混乱、不连贯。

13. 你的情感识别能力差，不能很好地识别他人情绪。

14. 在工作中，你很难说服别人。

15. 相比说话，你更喜欢用文字来表达自己的想法。

16. 你的阅读能力明显强于表达能力。

17. 说话缺少逻辑性，想到什么说什么。

18. 生气时往往说不出话。

19. 你很少赞美别人，因为担心弄巧成拙。

20. 与异性尤其是好看的异性交谈时你会感到紧张。

注：以上各题肯定回答得1分，否定回答不得分。

测试结果:

得分在 14 分以上,说明你的语言表达能力很差;

9~14 分,说明你的语言表达能力一般,有待提高;

5~8 分,说明你的语言表达能力不错;

5 分以下,说明你的语言表达能力非常好。

【现象】别人不信你,怎么往下聊

信任是社会关系的一种形式,彼此信任的程度决定了沟通的质量。如果你是领导,面对一个不信任你的下属,怎么敢将重要任务托付给他?如果你是下属,面对一个你不信任的领导,又怎么敢畅所欲言?

彼此不信任的现象广泛存在,我们身边几乎时时刻刻都在上演着一幕幕心理博弈。医生与患者、销售员与消费者、员工与领导……因为不信任,导致沟通不畅,工作效率低下。

王总是一家科技公司的老板,经常参加一些讲座,也经常在老板们中间混,他们都认同一种观点,与其花20万年薪聘请五个中层管理者,不如拿出100万找一个真正厉害的高管。

王总十分认同这种观点,在公司业绩下滑的时候,他开始物色人选,终于找到一位圈内公认的高手H。

请到H可不容易,王总花了大价钱,据说H的月薪在3~4万元,并不算多,不过分成比例很高,这也是他加盟的条件之一。

H是想来大干一场的,于是做出了一整套详细的改革方案,结果王总并不认可,他认为H的方案不可能实现。两个人为此进行过多次长谈,但都没能达成一致。渐渐地,双方开始互相质疑。

矛盾越来越严重，王总认为H的能力不行，配不上这么高的薪水；H认为王总简直就是外行，什么都不懂。

接下来，每一次沟通双方都会发生争吵。可想而知，公司的业绩也没有任何好转。

终于，两个人不欢而散。

针对这个案例，在我看来双方都有责任。王总方面，既然请到了高手，就应该给予充分的信任；而H方面，我认为他的责任更大，毕竟他是打工的，如何通过沟通赢得老板的信任，也算是一门必修课。

如果H了解心理学方面的知识，再学习一些沟通技巧，完全可能有效说服老板，这样可以得到大展拳脚的机会。

人与人之间的不信任是造成沟通不畅的主要原因，如果你想成功说服别人，先不要急着学习各种心理学技巧，首先要做的是与你的潜在目标建立信任感。

信任的最佳效果是双方相互信任，如果你是销售人员，带有强烈的目的，那么只需要获得对方的信任，就能够实现成交的终极目标。

信任是一种相互依赖的关系，建立在承诺之上。相互依赖表示双方之间存在着交换关系，比如老板与员工，前者出钱，后者出力，彼此存在着某种程度的利害相关性。

美国心理学家莫顿·多伊奇通过著名的囚徒困境实验将

信任研究引入到心理学领域，开启了心理学上对于建立信任的研究。在心理学上，人际信任的经验是由个人价值观、态度、情绪、个人魅力交互作用的结果，是一组心理活动的产物。

建立信任，才有接下来的有效沟通。如果别人根本不信任你，还怎么往下聊呢？至于获取信任的技巧，接下来的小节将会具体讲述。

这里提一下人们的权威心理，这也是获取信任的简单、有效的方式之一。"南加州大学的医学博士"福克斯做过一次实验，他以心理学家、精神病医生、管理者和教育家的身份出现在讲台上，向听众陈述了自己的思想和观点，如他预期的那样，听众好评如潮。

然而实际情况却让人大跌眼镜，"南加州大学的医学博士""心理学家""精神病医生""管理者""教育家"，这些头衔都是假的，其实福克斯只是一个演员。

福克斯的演讲充满了矛盾、重复和杂乱的句子，然而当人们面对一位如此"优秀的专家"时，完全失去了辨识能力，下意识地认为他说的一切都是对的。

这就是人性的特点之一——相信权威。了解了这一点，在沟通过程中，你就可以适当地为自己制造一些光环，这样更容易达到有效说服的目的。

很有趣吧，心理学就是这样神奇，它能应用于各个领域，起到很重要的作用。接下来，我们将讲述更多的技巧。

【技巧】倾听的关键技术

一、导读

人类很聪明,但是也有一些根深蒂固的弱点,比如说自私,大部分人都喜欢以自我为中心,在沟通过程中则表现为喜欢滔滔不绝。此时,如果你选择安静地听,让对方充分表达,那么可想而知,你会是多么受欢迎。

二、案例

蔡康永在他的书里曾经讲过,大多数人在聊天时总喜欢聊自己,如果你稍微注意一下,就会发现身边的人也是如此。

"晚上有事吗?出来喝点儿,最近工作压力大,心烦,我有好多事想跟你说……"

"我跟男朋友分了,气死我了,这家伙连手机都不给我买……"

"这件事你要这么做,先做出方案,再去找客户沟通,然后……"

很多时候,人们的滔滔不绝实际上是一种宣泄,他们并没有期望得到任何实质性答复,只需要有人陪着就好。了解了这一点,你就能成为一个很好的倾听者。

看过一则故事,让我印象深刻:

W先生乘飞机去迈阿密谈项目，飞机起飞后，他打开一本书，静静地读了起来，对他来说，这是难得的休息时间。十几分钟过去了，邻座的夫人说道："我猜迈阿密的天气一定不错。"

　　"大概是吧。"W先生漫不经心地答道，甚至连头都没有抬一下。

　　"我已经好几年没去过迈阿密了，我的儿子住在那儿。"

　　"哦，是吗。"W先生仍然认真地读着书。

　　"我丈夫的遗体就在这飞机上，我们结婚四十七年了。你知道吗，我不开车，是葬礼的主持把我送到机场的。"

　　听到这里，W先生终于抬起头，充满内疚地看着这位夫人，他有生以来从未像此刻这么讨厌自己。

　　你可以冷冰冰地拒绝一个陌生人，也可以安静地听对方讲讲自己的故事。旅途漫长，听听故事总是很有意思的。

　　当我们将精力都放在努力赚钱上面，势必会失去些什么，孰轻孰重，需要自己权衡。人是脆弱的，很多时候，最需要的往往不是忠告、意见、金钱、赞美，甚至不需要同情……人们渴望的只是能有一个人安静地听自己说说话。

　　"当他静默的时候，你的心仍要倾听他的心。"

——纪伯伦

三、影响力

有时候,倾听的影响力远胜过说话技巧。你不说话,只是安静地听,就可以给对方带来极大的满足。想成为朋友,就先成为一个好的倾听者吧。试想,当你找人倾诉的时候,对方只是在滔滔不绝地讲自己的事情,那么下一次你还会找他聊天吗?

倾听说起来很简单,其中也有一些需要注意的关键技巧:

1. 眼神接触

频繁的目光接触才能证明你对对方讲的内容感兴趣。一个沟通高手,无论对谈话的内容是否有兴趣,都会努力地进行眼神接触,以此获得好感。

2. 点头示意

在聆听过程中,要适时点头示意,表示认同。另外,还要加上面部表情,或微笑,或忧虑,这样才能被称为有效反馈。

3. 有效重复

在聆听过程中,适当重复对方的话是非常重要的。第一,能证明你在认真听;第二,有助于鼓励对方继续讲下去。记住,必须是有效重复,唠叨不算,要重复关键点。

四、知识点

1. 相关心理学家通过研究发现,人们在各种交往方式中,听占45%,说占30%,读占16%,写占9%。也就是说,人们有将近一半的时间在听。一个人是否善于倾听，还将直接影响其社会交往的能力，从而间接影响人生方方面面的成败。

2. 心理学研究发现，倾诉和倾听是维持高质量恋爱关系的核心。

3. 心理学家 Aron 等人通过研究证实，初次见面的陌生人可以通过倾诉和倾听互动而成为亲密朋友。在这里，倾诉是指向对方表达自己内心深处的想法和感觉，倾听是指给对方富有同情心和理解的回应。

有时候，人们需要的只是你的耳朵。

【技巧】适时认输

一、导读

如果你不是参加一场辩论比赛,那么适时认输并没有什么丢人的,反而会显示出高情商的一面。蔡康永说过,要把无谓的胜利让给对方。也许你在嘴上吃了亏,但是一定会在其他方面占到便宜。

二、案例

口才好是优势,但是如果没有节制地乱用自己的优势,那就是情商低的表现了。蔡康永讲过一个故事,故事很平常,大家可能都遇见过这类人。

子玉有一位同事,名牌大学毕业,学富五车,口才极好,思路又清晰,简直就是人们经常唠叨的"别人家的孩子",优秀到了极点。

不过,工作中除了领导,似乎没人喜欢他,其他部门的同事不愿意配合他,本部门的同事也没人愿意协助他。原因就在于他的那张嘴!

这家伙口才极好,而且很喜欢炫耀自己的优势,一旦与别人意见不合,他就会站出来说一大堆,而且还都在理,辩得其他同事哑口无言,他则威风八面,得意扬扬。

那些嘴上败下阵来的同事，自然心里憋着气，等着看他的洋相，所以工作中故意不配合。最终，上司发现他只能单打独斗，团队协作方面很差，对他的期望值很快降低了。

这样的人挺多的，嘴上不吃亏，但是在其他方面却吃了大亏。对于人际高手来说，这种赢在嘴上的胜利并没有意义，当时心里爽了，情绪发泄了，却埋下了隐患。

写这本书的时候，刚刚看完热门美剧《纸牌屋》的第五季，弗兰克与威廉竞选美国总统，本来威廉一路顺风顺水，眼看即将赢得大选，却被老道的弗兰克玩弄于股掌之中。

越往后发展，威廉的劣势越明显，眼看与前几天还唾手可得的总统宝座渐行渐远，威廉终于爆发了，他在飞机上辱骂自己的竞选顾问，还径直走向驾驶室，强势要求驾驶正在飞行的飞机，被拒绝之后又对驾驶员大喊大叫，而这一切都被记录了下来，成为他最后败选的直接原因。

美国是当今世界的超级大国，威廉因为没有控制住情绪，虽然在嘴上占了便宜，但是代价却是巨大的。

三、影响力

1.说得赢时给对手留台阶，说不赢时学会微微一笑。在沟通中，即便可以很轻松地说赢对方，也要给人留台阶。如果口才不行，说不赢对手，不如索性把这种无谓的胜利拱手相让，微微一笑，尽显风度。

2.人人都喜欢被别人认可。了解到这一点,换位思考一下,当你提出一个想法时,马上被别人劈头盖脸数落一顿,你会是什么心情?所以,如果不赞同,那就保持沉默。有时候,沉默挺好的。

3.迂回点醒对方。如果对方在某个想法上错得实在离谱,让你没办法再保持沉默,那么可以通过旁敲侧击的方式,委婉提出你的建议。注意不要太强势,没必要非得逼对方认输,沟通不是你死我活的战争,而是一场心理博弈。

四、知识点

1.情商高的人善于控制情绪,拥有丰富的情感词汇,比如别人说"感觉不好",情商高的人则能够用具体的词汇进行表达,如"悲伤""烦躁""忧郁"等。

2.情商高的人同情心强,对他人表现出更高的兴趣。

3.情商高的人适应性更强,能够根据环境及时改变。

4.情商高的人更了解自己,同时善于识别他人的性格特点。

【技巧】故事留悬念，对方有兴趣

一、导读

写故事一定要有悬念，这样才能吸引读者看下去。沟通也是如此，如果你想吸引对方，让对方有兴趣继续跟你聊下去，那么悬疑式讲话很关键。

二、案例

蔡康永在书里写过一个晴天上中学时的故事，用的就是悬疑式讲话的方式。

有一天晴天放学回家，发现妈妈被一个强壮高大的男人攻击，晴天情急之下扑了过去，男人被扑倒，后脑不巧撞上了桌角，当时就死掉了。

晴天的妈妈呆住了，她是怎么做的呢？是帮助儿子掩盖杀人事件，还是报警？

晴天后来被抓到了吗？

那个死掉的人跟晴天的妈妈到底有什么关系？

蔡康永通过设置一连串的问题，把故事的悬念推向了高潮。可想而知，每当他讲到这个故事的时候，在座的听众一定会问他故事的结局究竟如何。这样一来，他就可以很顺利地继续讲下去。

与人交往，如果你希望吸引对方的注意力，希望别人对你产生兴趣，这种悬疑式说话的技巧很重要。

比如男女交往的时候，男孩希望吸引女孩的注意，可以选择讲一些有悬念的故事，女孩如果感兴趣，自然会追问，也就有了进一步了解彼此的机会。

三、影响力

1. 边讲边停。这么做的目的是为了检验对方是否对你说的话感兴趣，如果他们会问"然后呢""怎样了"……说明他们在跟着你的思路走，在听你讲话。确定对方有兴趣之后，就可以继续讲下去；如果停顿之后，对方马上转换了话题，则说明他们对你讲的内容没兴趣，那么就需要选择一个新的话题了。

2. 选择对方感兴趣的内容，因为只有感兴趣才会听你讲。如果你不知道对方的兴趣，那就尽量选择人人都感兴趣的事，比如八卦新闻、名人隐私。

四、知识点

1. 讲别人感兴趣的事，没有兴趣的事，悬念再足也没用。

2. 不了解对方的兴趣，就讲符合大众好奇心的问题，如八卦、新闻等。

3. 谜底留到最后。

【技巧】不讨人厌的拒绝术

一、导读

这年头,人际关系最复杂,一句话说不好就会得罪人,所以更多的人宁愿选择沉默。不过,有些人就是喜欢求人,有些人又是"老好人"性格,什么事都答应,这样就在无形中浪费了精力。怎样才能既拒绝别人,又不伤害人际关系呢?

二、案例

说话是讲技巧的,有些老好人习惯了帮助别人,一次没帮忙就会被人厌恶;还有一些人,尽管经常拒绝别人,但因为说话得当,没有人讨厌他们。

以名人为例,他们遇见粉丝时真的很难做。名人虽说是公众人物,但也是人,每天的时间安排得很满,偶尔疲倦时笑不出来也是人之常情。然而,当他们拒绝与粉丝合影,不给粉丝签名,没有微笑面对粉丝时,"耍大牌"这样的负面消息就会被爆出来。所以,很多艺人都是强颜欢笑。如果我是粉丝,这样的照片不要也罢。

说"不"会得罪人,但是不说又会连累自己,毕竟每个人的精力有限。我承认,我以前的情商并不高,虽然是那种典型的老好人,平时习惯了帮助别人,但有时候太累了,也会拒绝。

多年前,有一位同事找我帮忙,好像是帮她检查一遍文案。当时我又累又烦,就随口说了一句:"不好意思,我这有点儿忙。"

没想到,这位同事直到离职,都没再搭理我。

从这之后我就长了心眼,开始学习人际交往心理以及说话技巧,毕竟什么事都答应也不可能,我自己还有很多工作,精力有限。

我开始琢磨怎么说话才能友善地拒绝别人。直到看到蔡康永的书,从中学习了一个技巧,那就是拒绝之前先把责任揽到自己身上。

这一招果然好使,再有人找我帮忙时,我都会先怪自己。

一次,有位同事让我帮忙做一份PPT,而我当时没时间,我就说:"啊,真是不好意思,老板让我做的报表还没弄好,马上就要开会了,这次我死定了。"

同事一听,并没有生气,反而很理解地说:"哦,那你赶紧吧,否则一会儿开会该挨批了。"说完,她笑着走开了。

如此这般,而且屡试不爽,这也成为我日后拒绝别人的常用技巧。

三、影响力

1. 揽责时要有相关性。当你要拒绝别人,想往自己身上揽责时,不能随便找一个借口,至少要有相关性。例如在工作中,同事让你帮忙整理文件,你说:"真不好意思,我带的饭还没吃,都怪我记性不好,过了饭点竟然忘记吃饭。"这种理由听起来有些荒唐，没有说服力，只会让对方很生气。你需要找一些与工作相关的借口，比如说，"不好意思，领导刚刚交给我的任务还没弄完，我把数据算错了，我可真笨啊……"

相关性很重要，不要让对方听出你在故意找借口，否则还不如直接说不。

2.拖死对方。如果你不好意思直接拒绝别人，还有一招就是"拖延战术"。稍有情商的人都会意识到，你的拖延实际上就是在拒绝。

当别人提出要求时，你不想帮忙又不想损坏人际关系，那么可以一直拖着。

"帮我改一下文件吧？"

"行，等我忙完了。"

"怎么样，忙完了吗？"

"还没，再等等。"

眼看快到下班时间了，情商再低的人也该明白，赶紧自己弄吧，要不又得加班了。

四、知识点

1.经常被拒绝的人，可能患上被拒创伤，让他们害怕对别人说"不"。

2.过重的自尊心，太好面子的人，也不容易说"不"。

3.不敢拒绝别人，是因为害怕被否定，这些人往往太看重别人的看法。

【技巧】骂你能忍,夸你不能忍

一、导读

标题没看懂?解释一下,别人骂你,你要学会忍,这是一种修养。别人夸你,你要是笑一笑也"忍"了,这就是情商低。

很多不能吃亏的人如果被别人骂一句,一定要回骂一句。而情商高的人,在受到别人赞美之后,一定会回赞一句,因为赞美是拉近彼此关系的重要技巧。

二、案例

我有一个同学,长得很像《古惑仔》里面的山鸡(陈小春饰演),于是高中三年,除了老师没人叫他的真名,都是用"山鸡""鸡哥"这类昵称,他也欣然接受。

其实他跟陈小春并不是很像,只是神似而已,不过由于当时《古惑仔》太火了,鸡哥所到之处,很多人都会拿他跟陈小春对比。

那会儿虽然还是孩子,但也会经常出去聚会,我们几个因为明显不成熟,经常出丑,而鸡哥身为班长,显然经历得更多一些,在为人处世上要比我们强太多。

一次一个同学过生日,来了很多其他学校的同学,大家坐在一桌面面相觑,有些尴尬。一位高年级同学显然很有经验,端起酒杯过来寒暄,发现了鸡哥,于是便说:"兄弟,你太帅了,长得很像山鸡啊,浩南哥来了吗?"

一句话惹得全场哈哈大笑,尴尬的氛围一扫而空。

山鸡在社交方面绝对有天赋,如今他已经是某外资银行的客户经理,也验证了这一点。我记得当时山鸡并不是像其他同学一样,腼腆地笑一笑了事,而是很快回赞了对方。

"哥们儿,你太客气了,我发现还是你比较帅,你长得像郭富城,我替浩南哥敬你一杯。"

说罢,两人哈哈大笑,一桌人也很快畅聊起来。

实际上,对方根本不像郭富城,山鸡因为被他称赞了一番,下意识地回赞对方。当时,他应该并不懂得这么高明的社交技巧,只是一种本能反应,但是却产生了很好的效果。

赞美是人际交往的破冰技巧,陌生人见面,首先要打破尴尬,找到话题。即便是出于社交礼仪,也要相互赞美一番。如果你觉得这样太虚伪,那完全是因为你的赞美技巧出了问题。

记住,人家骂你可以忍,人家赞你绝不能忍!

三、影响力

1. 赞美对方像××明星。这是一种比较俗气的方式,不过如果对方五官端正,而你实在想不出赞美的方式,就可以说"你看起来真像×××",虽然很虚,但是可以打破尴尬。需要注意的是,如果对方相貌并不突出,或者说按照1~10评分,对方颜值在5分以下时,千万不要用这种方式,这样会让对方觉得你是在故意羞辱他。

2. 赞美是为了拉近关系。赞美不是为了满足虚荣心，而是为了与对方拉近关系，所以一番相互赞美之后，一定要展开话题，按照你最初的目的继续往下聊，在这个过程中，如果有机会一定要继续赞美对方。

需要注意的是赞美频率以及话题质量。所谓话题质量，就是说不要再务虚了，比如夸对方漂亮，而是转向对方真正值得夸奖的方面，比如对方是一位成功的商人，可以夸他公司做得多么成功，夸他在自己的领域多么出色。

四、知识点

1. 根据《科学报告》发表的一项初步研究成果我们可以知道，使用比喻性赞美的男性可能被认为比使用直白赞美的男性更具吸引力。我们举个简单的例子对比看看就一目了然了，例如你想赞美一位美女的嘴巴，比喻性赞美的说法可以是："你的眼睛犹如朝露一般。"而直白赞美就是直言："你的嘴唇很性感。"哪种说法更具美感，不言而喻。

2. 很多心理学家都认为，赞美会让彼此的关系更和谐、更持久。

第五章

聪明的人,绝不会输给情绪

【测一测】你善于控制情绪吗

如果你是美剧迷，应该听说过《风骚律师》这部剧集，这是继《绝命毒师》大获成功之后，该团队的新作，目前第三季已经结束。

故事主人公吉米跟他的哥哥查克都是律师，然而查克并不支持弟弟，反而想方设法让吉米这辈子都无法再做律师，因为吉米总是出一些馊点子，在查克看来，这是有违律师职业道德的。

终于，查克靠耍手段掌握了不利于吉米的证据，双方对簿公堂，眼看吉米就将被法官剥夺律师从业资格，这辈子都无法再做律师了，没想到吉米再一次用他的小阴招扭转了局面。

细节此处不赘述，大致是查克一直在强调自己患有一种怪病，就是不能接触任何电子设备。而吉米抓住了这一点大做文章，他雇人悄悄将手机电池放进了查克的西服口袋。关键时刻，吉米请求法官检查查克的上衣，结果发现这块电池紧紧贴着查克的心脏，他却毫无知觉。

查克再一次中了吉米的阴招，整个人都不好了，当庭暴怒，将真实原因说了出来：他从心里抵制吉米当律师，所以一直想方设法吊销他的从业资格。

最后，法官仅仅判处吉米一年之内不能做律师。

人在情绪失控时是很危险的，会说出一些无意识的话，做出一些失控的举动，造成严重的后果，所以控制情绪才会成为今天每个人的必修课。

接下来，完成下面这个小测试，检测一下你是否善于控制情绪吧：

1. 无论在生活还是工作中，你很少发怒。

  A. 是的； B. 两者之间； C. 不是的。

2. 你会尽可能避免表现出愤怒情绪，因为害怕别人误解，从而产生矛盾。

  A. 是的； B. 两者之间； C. 不是的。

3. 当你对朋友生气时，你宁愿不表现出来，掩盖愤怒的情绪，因为担心伤害彼此的感情。

  A. 是的； B. 两者之间； C. 不是的。

4. 你认为大发雷霆并不能获得任何好处。

  A. 是的； B. 两者之间； C. 不是的。

5. 你更愿意自我息怒，而不愿向别人倾诉。

  A. 是的； B. 两者之间； C. 不是的。

6. 你认为，遇到沮丧情景时发怒，不是成熟的人应有的表现。

  A. 是的； B. 两者之间； C. 不是的。

7. 你认为发怒时处罚当事人并不是明智之举。

　　A.是的；　　B.两者之间；　　C.不是的。

8. 你认为，发怒时继续争吵，只会把事情弄得更糟。

　　A.是的；　　B.两者之间；　　C.不是的。

9. 发怒时，你总会抑制情绪，因为担心失态。

　　A.是的；　　B.两者之间；　　C.不是的。

10. 你认为，当对亲密的人感到生气时，应该适当表达出来，即便很可能伤害对方的感情。

　　A.是的；　　B.两者之间；　　C.不是的。

评分标准：

选"A"的每题得1分，选"B"的每题得2分，选"C"的每题得3分，然后计算总分。

参考答案：

得分在24～30分，你是一个善于控制情绪的高手：你承认愤怒情绪的存在，并懂得如何表达愤怒，以便更好地维护人际关系。

得分在17～23分，你控制情绪的能力一般：你知道控制情绪的重要性，但有时并不能很好地表达愤怒之情，但还有改进空间。

得分在10～16分，你的情绪控制能力很差：当愤怒情绪产生时,你无法控制,不仅因此损害了人际关系,还影响了自己的健康。

有些时候,戴上面具并非虚伪,而是为了更好地控制情绪。

【现象】身边的"定时炸弹"怎么那么多？

两个人去沙漠旅行，结果迷路了。身上的水都喝完了，他们疲惫地行走在黑夜中。但他们太累了，于是决定躺下来休息。

这时，其中一个人问另一个人："现在你能看到什么？"

"我看到了黑暗与死亡，死神正在一步一步地靠近。"

发问的人却微微一笑说："我看到的是满天繁星，看到的是妻子、女儿看到我回家时脸上的笑容。"

最后，那个说看到死亡的人当天夜里就因为绝望而选择了自杀，而另一个人靠着星星的方位指示成功地走出了沙漠。

这虽然只是一个故事，却告诉我们控制情绪的重要性。负面情绪一旦失控，后果不堪设想。现实生活中，情绪失控的故事似乎每天都在上演，以至于我们经常感叹：为什么身边的"定时炸弹"这么多！

情绪控制能力也是情商高低的直接体现，没有人喜欢与"定时炸弹"一起工作，这样的人并不适合团队工作。

在丹尼尔·戈尔曼的《情商》系列中有这样一个故事：

查尔斯跟乔尼一起去伍尔沃斯大厦开会，由于赶时间，两个人便想要抄近道。他们进入了一间大厅，想从这里的电梯上去，这样能够节省很多时间。

没想到一位私人保安走了出来，对二人吼道："这里不能走。"

查尔斯觉得很奇怪，就问他："为什么不让走？"

"这里是私人区域，赶快离开这里！"保安一脸怒气地说。

查尔斯是一个固执的人，继续问道："这里又没有警示牌，怎么就是私人区域了？我们为什么不能从这里过？"

保安彻底被激怒了，指着查尔斯大骂道："你们这帮家伙，赶紧给我出去，哪来那么多废话，我说不能走就不能走！"

保安一边怒吼，一边把他们向外赶，态度十分蛮横。

为了防止冲突升级，乔尼赶紧拉着查尔斯走了，还安慰他道："我们走吧，不要跟这些人一般见识。"

看吧，如果你无法控制情绪，大家都会躲着你，谁会雇佣这样的人呢？在这里没有任何轻视他人的意思，只是根据概率评断，越是从事低微工作的人，控制情绪的能力越差，而且这类人并不适合团队协作。

随时随地都会情绪大爆炸的人，情商一定不会太高，如果你是老板，一定不会安排他们从事团队协作性较高的任务，因为很可能影响到其他人，破坏整个团队的和谐，从而毁掉整个项目。

如果说工作中大家都会有意克制情绪，那么生活中更能显示出一个人控制情绪的能力，很多人因为一些鸡毛蒜皮的小事就会与人发生争吵：堵车会急，等公交迟迟不来会急，甚至自己忘了某件事也会急，实在是没有必要。

这类人绝不在少数，或者说绝大多数人都存在情绪控制方面的问题，只不过严重程度不一样而已。

如果不想成为生活中的"定时炸弹"，那么学习如何控制情绪就非常有必要，下面将会为大家介绍一些很实用的技巧，帮助你合理地控制情绪。

【技巧】走出詹森效应怪圈

一、导读

很多原因都可以造成情绪失控,比较常见的一种就是压力过大导致失控,从而影响工作与生活的方方面面。

二、案例

心理学有一个定律叫作詹森效应。

曾经有一位名叫詹森的运动员,平时训练有素,能力很强,在测试中每次都能取得好成绩,但是他却一枚奖牌也没有拿到过。他的心理素质太差,一上场就会因为压力太大而失控,导致无法发挥出正常的水平。

这种现象是很常见的。我们以前的足球队就有这样一个人,从小在足球学校接受过几年的正规训练,身体素质、基本功都很出色,平时练习的时候甚至可以从中场直接射门得分。

不过,他最大的问题就是容易紧张,只要有点压力就会表现失常。最开始,所有队员都对他寄予厚望,希望他能多射门、多进球,所以都把球传给他。结果,大家期望越大,他的压力也就越大,频繁出现失误,以至于最后已经没有人再期望他能做些什么了,正常发挥就行。

学生时代，我也存在这个问题，平时学习成绩中上游，中学时各科成绩能保持在 80~85 分，但是每到重要考试的时候就会非常紧张，以至于在考场上发挥失常，每次都比平时的成绩低 10~15 分。

由于我的学习成绩一般，这一情况并没有得到老师的重点关注，不过当时班里的学习委员却是一个典型案例。中学三年，她每次考试都是年级第一，而且几乎每科都比第二名高出十几分。但是到了初三模拟考试的时候，她开始发挥失常了，因为学校对她寄予厚望，希望她能考上重点高中，所以很多科的老师都开始重点辅导她，让她备感压力。

结果，中考的时候她考砸了。据说因为太紧张，浑身都湿透了，最后哭着走了出来，还差点晕倒。

三、影响力

1. 刻意练习。主要包括两方面：一个是加强心理素质方面的练习，一个是加强基础练习。关键时刻压力过大乱了阵脚，说明内心不够强大，可以找到你所恐惧的事，针锋相对地进行练习。

比如踢球，正式比赛的时候拼抢凶狠，你就慌了，拿不住球了，那么从心理素质的角度分析，你需要多踢正式比赛，而不是友谊赛或者踢着玩；从基础练习的角度讲，提升拼抢时的激烈程度,更频繁地练习,都会让一个人更熟练,从而降低紧张感。

2. 提升气场,影响别人。努力提升个人气场,影响别人,目的是得到别人的认可、赞誉。来自他人的反馈往往是压力源,当一个人气场提升之后,别人就会传递积极的能量,到这时即便是遇到质疑,也会因为强大的气场而很快忽视这些负能量。

3. 正视自己,接受失败。如果你能正确地看待自己,对自己有一个合理的定位,同时善于平复情绪,能够接受失败,那么压力就不会对你造成很大影响。只是需要注意的是,有些人对失败习以为常,结果失去上进心,得不偿失。

四、知识点

1. 区分有益的压力与有害的压力,前者有利于激发动力,指的是那些能够激发我们斗志、干劲儿的因素;后者则是那些导致我们丧失斗志、希望的威胁。

2. 每个人能够承受的压力是有限的,找到自己的临界点,超过这个点你会由于能力的不匹配而感到痛苦;没有超过这个点,你会因为适当的压力保持干劲儿,而且会体会到快乐。

【技巧】自我意识控制

一、导读

自我意识控制,也就是自省。通过自我反省实现情绪控制,是一种很有效的方法。

二、案例

在日本,有一位上班族因为工作压力太大去看心理医生,医生听完他的诉说之后问道:

"你最喜欢的地方是哪里?"

"海边。"

于是,医生给他开了三个处方,让他去以前最常去的海滩,分别在三个不同的时段打开处方。

这个年轻人下了很大的决心才请了一天假,因为他还有很多工作要做。一大早,当大家都在拼命挤地铁去上班时,他一个人来到了城市的最北边,那里有一片海,以前他经常会来这里漫步,但是升职加薪后,工作越来越忙,应酬越来越多,他再也没有来过这里。

早上的海边人迹稀少,他一个人沿着海岸线走着,打开了第一张处方,上面写着"聆听"。年轻人停下脚步,躺在了沙滩上,戴上耳机,一边听着音乐,一边吹着海风。

就这样静静地过了几个小时,他感觉十分惬意,很久没有这样放松的感觉了。

到了打开第二张纸条的时间,上面写道:"回顾。"于是,他开始努力回想之前每次来到海边的细节,那时的他是多么快乐。

他越想越开心,想着想着竟甜甜地睡着了。醒来后,他打开了第三张处方,上面写着:"回顾你的动机。"

之前的轻松情绪一扫而光,年轻人再次皱起眉头,因为他开始反省这一切都是为了什么,具体思考工作中的每件事、遇到的每个人、处理的每个细节。

他毕业之后,每天要工作12小时,之所以这样拼,就是为了留在东京,为了能交上下个月的房租。

工作两年之后,由于工作出色,他成了部门经理。这时他已经租住了离市中心更近的公寓,告别了之前的地下室。他希望攒钱买一辆车,这样就会有女孩跟他约会了。

又过了两年,他跳槽来到一家更大的公司,也买了人生中第一辆汽车,刚刚结识了一个很漂亮的女朋友。这时,他希望更加努力,能够买一套自己的房子,在东京安家立业。

终于,他发现了问题所在,因为受制于无尽的欲望,所以他一直活得很累。其实,刚上大学时,他的理想是做一名业余画家,每天在家乡的海边醒来,散步,画画,喝咖啡……

故事中的年轻人通过自我反省,找到了情绪不佳的原因,相信他在权衡利弊之后,会做出正确的选择。

丹尼尔·戈尔曼在《情商》系列中还讲过一个威斯康星

能源公司 CEO 的案例，该 CEO 名叫理查德，每周都会留出 8 小时进行自我反省。对于一名首席执行官来说，8 小时的时间已经不短了，可见他对这种方法的重视程度。

理查德是一位虔诚的天主教徒，经常会花几个小时的时间漫步、沉思，他说道："你必须强迫自己花一些时间远离浮躁的喧嚣，这样你才会再次面对现实。如果你不用足够的时间反省，就会难以控制情绪，四处碰壁，惹上麻烦。"

的确如此，自我意识是内心的晴雨表，没有谁比你更了解自己的情绪，所以你必须静下心来反思，想一想哪些事情让你获得了积极情绪，哪些事情给你带来了消极情绪，之后做出改变。

每当我意识到自己的情绪出现问题时，就会找一个安静的地方，独处一段时间，目的是为了更好地思考。我会反省这段时间发生的事，逐一分析哪些事件给我带来了积极情绪，哪些事件造成了消极情绪。

把它们罗列出来之后，我会分析利弊，例如接了一个活儿，虽然价格还不错，但是非常复杂，完成这个任务所付出的时间、精力等远远超过了它的收入，尤其是情绪受到了很大影响，这才导致工作得不开心。然后，我会将这样的项目划掉，下一次即便价格更高也不会接了。

有人会问，工作不就是为了赚钱吗，为什么有活儿都不接呢？

如果单从这一个项目来看，我确实没有亏，但是这个项目之后，我可能会调整一段时间，或者带着消极的情绪进行下一个项目，这就会很大程度上降低我的效率。

所以，从长远来看，这种导致消极情绪的项目得不偿失。

这就是经常反省的重要作用，通过自我意识控制，察觉自身情绪，从而做出改变。

三、影响力

你的选择要符合内心的准则。如果我们所做的选择与内心的准则背道而驰，就会产生内疚、自责、疑虑、羞耻等负面情绪，继而对生活与工作产生破坏性的影响。所以，在做出选择时，一定要遵循内心的准则。例如，我工作的首要原则是获得成就感，其次才是赚钱。那么一般情况下，我不会以利润作为选择的首要指标，因为我很清楚，如果以赚钱为目的，就会不可避免地带来坏情绪。

选择与内心准则一致，会带来动力。一旦做出符合内心准则的选择，就会产生积极的动力，带来积极的情绪，从而提高工作效率。

四、知识点

研究认为，自省是通向成功的关键。只有善于自省的人，才能真正找到自己想要的，从而更快速地达到目的。

专门教授商业课程的美尼斯特利尔教授认为，对人生怀有清晰的愿景将有助于我们做出更符合自己人生观和人生追求的决定。而自我反省的习惯，是帮助一个人找到清晰愿景的关键。

【技巧】数颜色法

一、导读

你知道吗,颜色会影响情绪。心理学家认为,人的第一感觉就是视觉,而对视觉影响最大的则是色彩。人的行为之所以受到色彩的影响,是因人的行为很多时候容易受情绪的支配。

美国心理学家费尔德研究出了一种方法,叫作"数颜色法",可以有效控制情绪。

二、案例

通过数颜色来控制情绪的具体操作方法是,当你感到情绪即将失控时,立刻停下正在进行的事,无论是紧急的工作,还是即将爆发的一场争执,只要你认为与情绪失控相比,这些事都可以暂时搁置,那么好,你需要找一个没人的地方,进行如下练习:

首先,环顾四周,将看到的所有颜色大声念出来:

  白色的墙壁;
  黄色的办公桌;
  黑色的地板;
  绿色的文件夹;

棕色的椅子；

　　………

　　至少数出十二种颜色，这个过程大约需要半分钟时间。

　　如果你不能立即离开令你情绪失控的现场，比如老板正在骂你，那么你就要就地在心里默数，这样能够起到迅速平复情绪的作用。

　　数颜色法利用的是个人的生理反应。一个人在发怒时，肾上腺素的分泌使得肌肉拉紧，血流速度加快，使人在生理上做好了"攻击"的准备。这时，随着愤怒情绪的升高，注意力就转移到了内心的感觉上，理智思考能力因此减弱，某些生理功能也暂时被削弱。而数颜色法可以强迫自己恢复灵敏的视觉功能，使大脑重新恢复理智思考。

三、影响力

　　1.黄色代表乐观情绪，它能够促进思维，激活记忆，有助于沟通。那么，当你情绪不好的时候，就可以有意识地看看黄色的物体，或者将电脑屏幕设置为黄色背景，也可以在脑海中设想一片金黄色的场景。同时，在与人沟通之前也可以通过黄色激发神经，这样你会更主动地与人聊更多的话题。

　　2.绿色的好处很明显，视觉疲劳时，看一看绿色会很舒服。绿色可以放松身心，舒缓紧张情绪，所以当你焦虑或者用眼过度时，看看绿色，有助于平复情绪。

3.蓝色表示信任、依靠与承诺,能够让人快速冷静下来。当你需要做出冷静判断的时候,看一看蓝色背景的物体,有助于做出更加谨慎的判断。

4.红色代表激情,能够刺激感官,并且吸引人们的注意力。当你需要迅速行动的时候,看一看红色,就会感到充满活力,热情高涨。

5.白色象征纯洁,有助于快速理清思路。当你正在因为乱糟糟的工作心烦意乱时,看一看白色,就能稍稍缓解烦躁的情绪,从而理清思路。

四、知识点

1. 黄色

A.10世纪的法国,叛徒和罪犯的家门会被漆成黄色。

B.在希腊文化中,黄色代表悲伤;在法国文化中,黄色代表嫉妒。

C.美国售出的铅笔中,75%有着黄色的外表。

2. 绿色

A.美国第一任总统乔治·华盛顿最喜欢绿色。

B.夜视镜之所以选择绿色镜片,是因为人眼对绿色最为敏感,容易识别。

C.美钞背面的颜色是绿色,所以在美国,绿色代表金钱、财富和资本主义。

3. 蓝色

　　A. 蓝色是最不具有明确性别指向的颜色，对于男人或女人的吸引力相同。

　　B. 猫头鹰是唯一能看见蓝色的鸟类。

　　C. 在蓝色背景的房间里工作效率最高。

　　D. 蓝色对蚊子的吸引力是其他颜色的两倍。

4. 红色

　　A. 红色是彩虹最顶端的颜色。

　　B. 红色是黄昏时你首先看不见的颜色。

　　C. 红色波长最长。

5. 白色

　　A. 白旗被普遍认为是休战的标志。

　　B. 根据美国彩通公司的数据，白色的美式体恤销量最好。

　　C. 商业领域中，白色的种类更为齐全。

【技巧】冷处理

一、导读

当愤怒情绪产生时,冷处理是一种有效遏制怒火的方式。绝大多数时候,愤怒情绪来自人与人之间的争执,两个人情绪激动时,如果有一方能够采用冷处理的方式,就有极大可能平息争端。

二、案例

看到过这样一个故事,有关一对父子间的争执,作者分别采用了两种方式,结果截然不同。

第一种对话方式——

父亲:把房间收拾干净,然后下楼吃饭。

儿子:忙着呢。

父亲:(不悦)我说了,赶紧把房间收拾干净。

儿子:(生气)你别管我。

父亲:(生气)你再跟我这样讲话,信不信我抽你!现在就去收拾房间!

儿子:你给我出去,别待在我的房间!

父亲:(非常生气,采用威胁的语气)我再说最后一次,收拾房间!

结果，儿子出于威慑，很不情愿地收拾好房间，饭也没吃，父子两人都气得够呛。

第二种对话方式——

父亲：吃饭前先把房间收拾干净。
儿子：（不悦）我正忙着呢。
父亲：（不悦）是的，我看见了，但是我要你先收拾房间。
儿子：（生气）你别管我。
父亲：（不悦但没有发火）好吧，我不管你，但你要收拾房间。
儿子：（生气）我想收拾的时候自然会收拾的。
父亲走后，儿子自觉收拾了房间，之后下楼吃饭。

上述第二种方式就属于冷处理。发生争执的双方，只要有一方能够冷静处理，不去针锋相对地进行对话，就不会出现情绪恶化的情况。

在《情商3》中，丹尼尔讲了一件比尔·盖茨的轶事：

不知道什么原因，平时温文尔雅的盖茨怒火中烧，他瞪大眼睛疯狂地咆哮着，眼镜都斜了。大家被吓坏了，因为很少看到他情绪失控。

盖茨脸红脖子粗，在会议室不停训话，大家甚至能看到他喷出来的唾沫星子。会议室一共有20位微软的技术人员，大家围坐在椭圆形的办公桌前，大多不敢直视老板，只是低着头，偶尔瞥他两眼。

倒霉的程序员想要说服他，但是没有效果，还被臭骂一通。只有一位华裔女士，自始至终都没有躲避盖茨的眼光，她应该是这间会议室中唯一没有被吓到的人。

在前面那些倒霉蛋劝说无果之后，这位华裔女士依然用平静的语气打断了盖茨，而且还是两次。第一次，她的话语稍稍平复了盖茨的情绪，但盖茨并没有仔细听；第二次，盖茨开始安静地听她说话，并且开始思考。

员工们惊奇地发现，盖茨的愤怒情绪一扫而空，他又变回了那个沉稳冷静的老板。他对那位女士说："好，听起来不错，就这么办吧。"

她到底给出了什么神奇的意见？其实她所说的内容，之前的技术人员也提过，但是盖茨根本没听进去，因为那些人情绪紧张，表达的时候逻辑不清晰。相反，这位女士由于情绪平静，所以能够更好地进行表达，并且让老板听了进去，而且听懂了。

这就是一种冷处理技巧。当老板发怒时，跟他对着干只会让情况越来越糟，只有不被他的情绪影响，继而冷静思考，循循善诱说服对方，才能凸显一个人的能力。

三、影响力

1. 让对方说出最后一句话。发生矛盾时，双方往往都不愿意退让，你一句我一句，谁也不服谁，这样只能激发愤怒的情绪。赢在嘴上是最没用的，如果因为一句口角发生更严重的冲突，就得不偿失了。因此，不妨试着让对方说出最后一句话，然后不再回嘴，只要对方不是那种得理不饶人的家伙，一般都能很快平复情绪。这种冷处理的方式或许会取得理想的效果。

2. 转身离开。当发生争执时，不予纠缠，在怒火中烧之前赶紧离开事发现场。这不是逃避，而是一种很聪明的冷处理方式。谁愿意生气谁自己受着，躲开事发地更容易保持冷静。

3. 保持冷静。面对产生愤怒情绪的一方，保持冷静，不受对方影响。在这样的状态下，才能做出最合理的行为。

四、知识点

1. "自尊感情"，指的是认为自己有价值的一种感觉。自尊感情低的人认为自己价值低，只要受到一点不恰当的评价就会生气；相反，自尊感情高的人，大多不会特别在意别人的评价，所以很少受到影响。

2. 美国一家咨询公司对 4265 人进行了一项测验，其中包括老板、高管、员工，公司评估这些人中的失败者时，发现他们都缺少对冲动情绪的控制，急于满足自己的欲望。

【技巧】假想快乐

一、导读

假想快乐是指在潜意识中想象令自己高兴的事，从而激发快乐情绪，实现情绪操控的目的。需要注意的是，这项技巧并非堆积笑容，通过假笑的方式获取快乐，因为假笑疗法已经被证实有害健康。

二、案例

笑口常开有益健康，已经成为人们的共识。甚至出现了一种"假笑疗法"，即通过强颜欢笑实现情绪调控。然而，美国密歇根大学的科学家表示，在职场假笑虽然能够掩盖内心的不悦，但是并不能提升情绪，反而会让情绪恶化。

对此，科学家选择了一组公交司机进行测试，因为该行业要求始终保持"微笑服务"。负责人布伦特·斯科特博士分别研究了他们的表层行为（皮笑肉不笑的假笑）与深层行为（发自内心的真笑）。

结果显示，当公交车司机强颜欢笑时，其情绪会变得更糟，进而失去工作热情，甚至消极怠工。而当他们发自内心地微笑的时候，情绪则会改善，并且对工作充满热情。

科研人员由此得出结论，试图压抑内心的不良情绪，只会让情绪恶化。

假笑疗法已经被证明不能提高情绪，然而通过假想快乐的方式却可以，因为幻想令自己高兴的事同样可以引起微笑，而且是发自内心的真笑，有助于提升情绪。

心理学上有一条好心情定律，指的是每天接收到快乐的信息，就会得到积极的情绪反馈。

据说以色列发行量最大的希伯来文报纸《新消息》专门开设了一个名为"好消息"的专栏，为的就是向国民传递积极的信息，而不至于整天只能看到巴以冲突的信息。

《新消息》之所以开设此栏目，是因为通过读者调查发现，大部分以色列人对媒体每天带来的巴以冲突消息深感厌烦和失望。每天一早醒来拿起报纸，就是整篇幅的战火纷飞、死伤报道，给崭新的一天蒙上阴影，心情如何不压抑。所以，以色列国民迫切需要生活中有一些能给人带来希望的好消息。

在了解到读者的迫切渴望之后，《新消息》专门开设了"好消息"栏目，每天刊登一些令人高兴的事，即便是鸡毛蒜皮、家长里短的小事，也能让国民感到开心。例如，一名失业男子捡到财物并物归原主；以色列选手获得欧洲国际象棋锦标赛冠军；一名失聪的以色列女兵完成了军官培训课程；专家认为骆驼奶对人有益……诸如此类的消息在我们看来没有一点意思，但对于每天都接收负面消息的以色列人来说，却足以带来一整天的好心情。

以色列人对于好消息的渴望程度非常强烈，甚至连天气预报员也要在结束语中加上一句"但愿今天是个平静的日子"。

可见,好消息对于情绪的提升是多么重要。假想快乐的原理也是如此,只不过它靠的是自我幻想。下面讲解具体操作方法。

三、影响力

1. 预设美好

心灵导师普兰特斯·马福德说过:"当你告诉自己'我将会有一趟愉快的访问或旅行'时,你其实是在你的躯体到达之前,先发出了某种元素和力量,去安排一些事物,好让这次的访问或旅行变得愉快。如果你在访问、旅游,或者逛街之前心情不好,或者在害怕、担忧着某些不愉快的事,你就是在事先发出无形的媒介,制造某些不愉快的事。我们的思想,或者说,我们心的状态,永远都在预先安排好事跟坏事。"

在每次行动之前,在脑海中想象事情顺利进行的样子,这就是预设美好的技巧。即便行动出现问题,你也会因为预设美好而得到积极情绪,这在很大程度上可以抵消坏情绪。

2. 想象过往的美好瞬间

通过回忆激发快乐点,想象过往带给你的快乐景象,比如与恋人的美好瞬间,比赛获胜的激情时刻……通过往昔的快乐记忆，激发良好情绪。

四、知识点

研究人员指出，假笑会导致微笑抑郁症，常见于职场人士身上。患者常常为了维护自己在别人心目中的美好形象，刻意掩饰自己的情绪，强颜欢笑。而当压力超过临界点后，就会出现情绪失控。

【技巧】暴露疗法直面恐惧

一、导读

暴露疗法是一种直面恐惧情绪的治疗方法,越是害怕什么,越要面对什么,从而战胜恐惧,平复情绪。

二、案例

暴露疗法也称为满灌疗法(flooding therapy),它不需要进行任何放松训练,而是直接呈现最强烈的恐怖、焦虑刺激(冲击),以迅速校正病人对恐怖、焦虑刺激的错误认识,并消除由这种刺激引发的习惯性恐怖、焦虑反应,故也称为冲击疗法或泛滥疗法。

恐惧情绪的危害相当严重,它会让人远离成功。尤其在人际交往中,有些人性格内向,不敢与人交往,很容易失去很多机会。

我认识一个很年轻的朋友,他是搞IT的,性格内向。实际上,我们从很小的时候就在一起踢球了,可是除了在球场上,平时就算在街上遇到,他也不敢跟我打招呼,而是低头快速走过。

十几年的关系都不敢打招呼,可想而知,在生活中他是多么被动。我看得出,他其实渴望与人交往,只不过被恐惧情绪束缚，始终无法如愿。

后来，我开始有意识地帮助他，让他直面恐惧，他越是不敢说话，我就越主动逗他，还会出其不意地把他引入更多的小群体，让他多跟人接触。当然，这些人都是比较熟悉的小伙伴。

这个过程大概持续了两三年，再加上年龄的增长，他对人际交往的恐惧有所下降，从一言不发到敢说说笑笑了。

三、影响力

1. 直面恐惧，怕什么想什么。恐惧情绪是与生俱来的，我们天生会对某些事物感到恐惧，要想克服，最直接的应对方法就是直面让你感到恐惧的人和事。

19世纪伟大的哲学家和诗人爱默生曾说过："做你怕做的事情，恐惧就肯定会消失。"如果你对某个人感到莫名的恐惧，那么为了克服这种感觉，你就要经常想着他，思考自己到底怕他什么。在脑海中反复勾勒你害怕的人，有助于加深对他的了解，随着了解的深入，你会发现他根本没有想象中那么可怕，只是彼此间缺少沟通才会产生恐惧感。

2. 用积极的想法代替消极的想法。产生恐惧的原因是因为消极的想法在你脑海中占据了上风，你需要用一个积极的想法换掉它。例如，小时候我们对妖怪感到恐惧，是因为年幼无知形成的错误认识。为了摆脱这种恐惧，可以想象各种英雄人物打败妖魔鬼怪的情景，这样，内心的恐惧就会减弱或消失。

3. 让脑海中充满美好的景象。你对人际交往感到恐惧，总是想着在众人面前出丑的囧相，但越是这样想越不敢与人交往。何不想想被别人肯定、被别人赞赏时的场景？这类美好的景象能给你信心，你会更愿意与人交往，从而获取更多的赞赏。这样一来，就能逐渐消除恐惧情绪。

4. 精神胜利法。如果令你感到恐惧的人或事过于强大，你无法在短时间内战胜他们，便可以利用精神胜利法给自己打气。例如，工作中的竞争对手太强，你可以这样想："你别嚣张，我早晚会超过你的！"

四、知识点

美国心理学家约翰·华生曾经做过一个著名实验，名为小艾伯特实验，华生和助手罗莎莉·雷纳从一所医院挑选了9个月大的艾伯特进行这项研究。

实验之前，小艾伯特首先进行了一系列基础情感测试，包括短暂接触白鼠、兔子、狗、猴子、有头发和无头发的面具、棉絮、焚烧的报纸等物品。华生发现，小艾伯特对这些物品都没有表现出害怕的情绪。

两个月后，实验开始。华生将实验室白鼠放在艾伯特身边，此时小艾伯特并不惧怕白鼠，还会用手触摸。第二步，当艾伯特再次触摸白鼠时，华生和雷纳就会突然用铁锤敲击悬挂的铁棒，制造出刺耳的声音，小艾伯特被巨大的声响吓哭了，表现出了恐惧感。该过程重复了数次。第三步，当华生再次把白鼠放在艾伯特面前时，在没有声音刺激的情况下，艾伯特也表现出明显的恐惧情绪。

华生认为，艾伯特已经将白鼠与巨响建立了联系，并产生了恐惧或哭泣的情绪反应。而且，这种恐惧对其他相似的东西也有效。17天后，华生再次将一只非白色的兔子带到艾伯特身边，婴儿同样表现出恐惧不安的情绪。此外，他对于毛茸茸的狗、海豹皮大衣，甚至华生戴上的有白色棉花胡须的圣诞老人面具都会产生相同的反应，不过艾伯特并不惧怕所有带毛发的物体。

该实验因为违反道德而饱受争议，但也揭示出恐惧源自于条件反射的理论。既然恐惧情绪可以是后天形成，当然也可以被克服了。

【技巧】净水法则

一、导读

如何让一杯浑浊的水重新变得清澈？你可能会随口说出几种方法，如果在网上查一下，可能会得到更多的答案——沉淀法、稀释法、蒸馏法、过滤法、替换法……

这跟情绪有什么关系呢？

当一个人情绪不佳时，就如同一杯浑浊的水，这时最需要的就是迅速冷静（清澈）下来，所以上面的方法统称为"净水法则"，也是情绪管理的技巧之一。

二、案例

一位法官在法庭上对杀人犯宣判死刑后，走到囚犯面前，问他最后是否还想说什么。

没想到，囚犯大发雷霆，怒吼道："去死吧，你这个伪君子，你们都是浑蛋，你们对我的裁决不公平！"

法官听后气得暴跳如雷，指着囚犯的鼻子数落了他数分钟。然而法官说完之后囚犯却笑了，他平静地说："法官先生，您是一个受人尊敬的大法官，受过高等教育，我只是骂了您一句，您就变得暴跳如雷，如此失态；我没有文化，小学都没毕业，做着卑微辛苦的工作，因为别人调戏我老婆，我一时冲动失手杀了对方，结果被判了死刑。其实我们在某方面是一样的，虽然你还会活下去，我马上就要死了，不过可以肯定的是，我们都是情绪的奴隶！"

三、影响力

1. 净水法则——沉淀法

一杯浑浊的水，要让它变得清澈，最简单的方法就是什么都不做，等它慢慢沉淀。情绪也是如此，糟糕的情绪终究会过去，让情绪慢慢沉淀，随着时间的流逝，你会恢复平静的自己。

这种方法虽然慢，但是很有效，当你情绪不佳时，并不需要特别做什么，远离负面环境，找一个安静的地方，静待心情慢慢平复即可。

2. 净水法则——稀释法

一杯浑水，不断加入清水稀释，最后也会变得清澈。因此，当情绪不佳时，可以通过做一些开心的事恢复情绪。例如，有些人不开心的时候会大吃大喝，有些人则喜欢通过运动发泄情绪。

稀释法的原则就是，做那些自己感兴趣的事，通过不断注入正能量，化解心中的负面情绪。

3. 净水法则——蒸馏法

利用蒸馏的方法同样可以将污水变为净水，这种蒸馏法在日企被广泛应用，被称为"提升生命价值法"。

日本人工作辛苦，压力很大，加班是企业文化。为了缓解压力，同时也为了应对竞争，日本人通过自我提升缓解情绪。压力越大情绪越糟糕，他们越拼命，通过学习充电不断精进。

当工作中遇到瓶颈时，他们会通过自我提升解决当前的困难，能力、经验、知识点提升之后，问题便会迎刃而解，以此赢得自信，烦恼也会烟消云散。

值得注意的是，这种方法因人而异，如果个体不具备很强的抗压能力，不建议使用。有些人抗压能力差，如果再逼着自我增压，反而会导致情绪崩溃。

4.净水法则——过滤法

过滤法，就是将水中的有害物质过滤出去，剩下的就是清水了。对于情绪控制来说，首先要分析导致坏情绪出现的源头，看到底是哪些因素让你的情绪变糟的，例如压力太大，对完不成业绩的恐惧，对情感的忧虑等。找到根源之后，着手过滤（解决）相应的问题，糟糕情绪就会减少直至消失。

5.净水法则——替换法

如何让一杯浑水以最快的速度变为一杯清水？很简单，直接倒掉，换一杯清水就行了，这是效率最高的方法。但是转换到情绪控制方面却并不那么容易，需要具备灵活的思路才能够迅速切换。

例如，你去学车，科目一总是没过，你心情很糟，但是很快安慰自己说，交规太简单了，之前没仔细看书，回头再看一遍肯定能过。

这就是思路的迅速切换。随着思路的切换，情绪也会迅速变化。不过使用这种方法有一个前提，那就是得有乐观的性格。

四、知识点

如何识别坏情绪？

具体步骤：找到情绪触发点→当时的想法→情绪反应→何种行为。

每一次情绪出问题之后，迅速拿出一张纸，按上述步骤进行记录，将每一种境况下出现的坏情绪记录在案，然后逐一分析，这样下一次就可以有效避免。

举例：假设我是一位经验不足的营销人员，要给客户打电话之前会习惯性焦虑，那么我可以记录如下：

触发点——给客户打电话

当时的想法——害怕被客户拒绝

情绪反应——焦虑

行为——电话接通之后语言错乱，表达不清

记录每一种境况下的情绪反应，然后就可以通过自我分析找到解决方案。

第六章

高手，在无形中掌控对方

【测一测】你的掌控能力如何

一个人对他人的掌控力,实际上反映的是一个人的影响力,影响力越大的人,对别人的掌控力也就越强。下面这个测试,可以看出你的影响力水平。

1. 你是某一领域的权威人士?
   A. 是。   B. 否。

2. 你从小受到过良好的礼仪培训,很有修养?
   A. 是。   B. 一般。   C. 不是。

3. 你觉得自己在很多场合都可以应对自如?
   A. 是。   B. 某些场合可以。   C. 否。

4. 你认为自己在身材、形象上很有优势?
   A. 是。   B. 还凑合。   C. 否。

5. 你认为自己的口才怎么样?
   A. 很好。   B. 一般。   C. 不好。

6. 相对于财富,你更加渴望赢得别人的尊重?
   A. 是的。   B. 不是。

7. 你是否在意别人对你的看法?
   A. 是,非常在意。   B. 有一些。   C. 一点儿也不。

8. 你认为言行一致很重要吗?
   A. 是的。   B. 不是。

9. 你不喜欢施舍,而希望通过奋斗自己赢得想要的一切?

　　A. 是的。　B. 无所谓。

10. 生活中,你经常赞美别人吗?

　　A. 是的。　B. 偶尔。　C. 不是。

标准答案:

题号	1	2	3	4	5	6	7	8	9	10
A	2	2	2	2	2	2	0	2	2	2
B	0	1	1	1	1	0	1	0	0	1
C	—	0	0	0	0	—	2	—	—	0

　　15分以上:说明你是一个很有影响力的人,你拥有很强的支配欲,在工作与生活中都能够向他人施加影响,从而达到自己的目的。你具备领袖气质,适合担任管理职务。

　　0~14分:你的影响力一般,分数越低说明你越容易被人支配。你不喜欢管理别人,只希望干好自己的分内事。有时候你也会希望对别人施加影响,却毫无效果,说明你在别人心中无足轻重。

【现象】为什么总是跟着对方的思路走

看过一个曹操跟周瑜的段子,讲的是某日周瑜刚要外出,正一只脚门里一只脚门外,恰巧曹操来访。周瑜见状,想要戏弄一下老对手,便问曹操:"曹丞相,你说我现在是准备出门呢,还是准备进门?"

诡计多端的曹操怎么能容忍被别人操控?他一眼就看出了周瑜是在出他的洋相。曹操心想,如果说出门,周瑜可以将伸到外面的脚收进去;如果说进门,周瑜同样可以将后面的脚迈出去。

正在思考的时候,忽然飞来一只苍蝇,曹操眼疾手快,伸手将苍蝇抓到手里,随即反问周瑜:"都督,你说我手里的苍蝇是死的还是活的?"

周瑜大惊,没想到对手这么厉害。如果说苍蝇是死的,曹操手一松,苍蝇就会飞走;如果说是活的,曹操稍稍一用力,苍蝇就会死掉。

在这个段子中,两人似乎打了一个平手,事实上,曹操更胜一筹。他没有被周瑜的思路牵制,反而找到机会将同样的问题抛了回去,实现了反操控,绝对是心理博弈的高手。

现实生活中,心理博弈的高手毕竟是少数,然而一旦遇到这些人,你就会发现总是被他们牵着走,即便之前思路清晰，但是经过短暂的交谈，思路也会受到影响，你会开始质疑自己的想法，并逐渐跟着对方的思路走。

一些管理高手就是这样的人，这些人往往身居要职，能够管理多人团队。他们能够让团队按照自己设计的路线前进，让每个人按照自己的想法行事。

这些人并不会以自己的领导身份将想法强加于人，而是在对团队成员有了全面的了解之后，根据每个人的特点注意施加影响。他们一般会采用话语操控的技术，通过交流，让对方认同自己的观点，然后开始逐步施加影响。

越是个中高手，越是不留痕迹，即便在很长时间之后，被操控的一方也不会意识到。

除了管理者之外，顶级销售往往也是操控高手，他们能够让客户按照自己的思路走，最终实现快速成交的目的。销售人员最常用的一项技术就是催眠术，在实战中很有效果。先来看一个小游戏：

假设你是一位培训师，底下坐着10位学员，你要求大家做一个抢答游戏，但开始之前要求他们快速念完10遍"老鼠"：

老鼠！

老鼠！

老鼠！

老鼠！

老鼠！

老鼠！

老鼠！

老鼠！

老鼠！

老鼠！

然后立刻提问：猫怕什么？

肯定会有人脱口而出：老鼠！

这是一种条件反射，培训师向学员进行了催眠，当学员喊了10遍老鼠之后，他们的潜意识就非常重视这个词了，当被问到相关问题时，就会条件反射到老鼠上。

谎言重复一千遍就变成了真理，某些不道德的销售员便会利用这种方式对顾客进行洗脑。

广告也会用到这个原理。许多品牌的广告本身并不出彩，但只要播出频率够高，再配上一些容易被记住的短小口号，要不了多久便会占据观众的脑海，日后观众只要想起某类产品，脑海中就会浮现出印象最深的品牌广告及广告语。

这样的现象很多，在各个领域，大众都被少数聪明人操控、影响着，这个定律在全世界都一样。既然无法避免，我们就要成为那些少数人，要学会成功影响别人的思维，而不是被别人把控。

【技巧】提高语速有利于说服对方

一、导读

每个人的思维反应速度不一样,思考时间短,想问题就很难全面。以下棋为例,年轻人的下棋速度快,老年人慢,因为后者思考的时间更长。在说服别人的时候,就可以利用提高语速的技巧,尽量不留给对方反应的时间,这样能够有效提高说服效率。

二、案例

如果你可以打开电视机,看一眼电视推销节目,就会发现主持人的语速都非常快。

天哪,这块××品牌的金表,今天史上最低价,只要998!

如果你在专柜买到低于这个价格的手表,今天所有的手表都白送了,不要钱!

如果你错过了这次机会,那么恭喜你,这辈子你也不可能以这么低的价格买到了!

观众朋友们,还在等什么?还在犹豫什么?赶快拿起电话,拨打×××,先到先得,前十位打来电话的观众,还将收到一份超值大礼包!

主持人表情夸张，语速飞快，一个卖点接着一个卖点往外抛，根本不让观众有反应的机会，如果观众刚好需要购买手表，就很容易被吸引。

培训师也是口才极好的一类人，他们的工作之一就是说服听众，因此他们都明白加快语速的重要性。有一位培训教练，应邀参加某位老总的演讲活动，他的工作就是训练这位老板的演讲能力。

根据培训师的方案，这个演讲被严格限定在20分钟之内，但是老板讲完之后，用了四十多分钟，他自己都能感受到效果不好。

下来之后，培训师告诉他："您的语速太温和了。"实际上，培训师就是在暗示他语速过慢。

演讲是有技巧的，尤其像美国总统竞选这类重要演讲，都是有专业人士辅导的，专家会将方方面面的因素考虑进去，从而设定一个非常严谨、科学的时间，字字句句都需要严格斟酌。

美国前总统克林顿曾在哈佛商学院进行过一次为时45分钟的演讲，过程让外行人听来颇为陶醉，一点都不感到无聊。最令人惊奇的是，就在规定发言结束的那个时间节点前15秒，克林顿完美地结束了这次演讲。

我们都是普通人，很难掌控好精准时间，但是完全可以通过加快语速的方式说服别人。不过，需要注意的是，语速并非越快越好，还要根据听者的接受水平。

20世纪80年代，美国心理学家通过研究证明，语速快看似更有可信度，但并不一定更有说服力。如果你的语速过快，但是听者的反应速度跟不上，他们就无法理解你的意思，自然也就无法被说服。

有一次，我跟一位插画师通过电话沟通，我的工作很忙，习惯了快速沟通，语速比较快；插画师则是一位自由职业者，习惯了慢生活，结果我快速讲了一遍要求之后，对方竟然一点儿没听明白，导致我不得不重复了两遍。

所以，当你想要说服别人的时候，一定要考虑到对方的接受程度。

三、影响力

1. 先通过简单交流掌握对方的理解力。不要一上来就进行说服，先通过简单交流，掌握对方的理解能力，然后逐渐提升语速，既要让对方跟上你的思路，又不能让对方有过多的时间反应。

2. 通过语速变化吸引对方注意力。语速一定要有节奏变化，太快或太慢同样具有催眠作用，会让人的大脑产生抑制效果。说服对方时，最好采用快慢结合的方式，在关键的地方加快语速，不给对方思考时间。不重要的地方则可以减慢语速，随便聊聊。

3. 谈到专业内容时提速。在涉及专业知识的时候，可以选择性提速，第一，可以增加你的权威性，会让对方觉得你很在行；第二，对于并不十分了解的内容，提高语速有助于一带而过。

四、知识点

1. 1976年，研究人员分析了说话的速度和态度，他们试图说服参与者，咖啡因对身体不好。当他们以每分钟195字的速度表述时，更多的参与者被说服；以每分钟102字表述时，很少的参与者被说服。快速的语调似乎表明说话者更自信，更有智慧，具备更丰富的知识。

2. 研究者发现，在谈论对方不喜欢的议题时，加快语速更容易让对方接受。因为较快的语速会逼迫对方迅速做出判断，而没有时间去思考应该如何反驳。

3. 站在受众的右耳边进行说服更有效。研究人员做过一个实验，让一名女性去舞厅中随机向176人（有男有女）讨要香烟。他们发现，当该女士站在对方右边提出请求时，借烟的成功率是她站在左边提出请求时的两倍。该实验验证了之前的发现，当语言信息从右耳传入时，人们更容易注意到这则信息，并对信息进行分析。可能的原因是，人们更多使用左脑处理语言信息，而左脑支配的是人的右耳，所以人们会对右耳传来的语言信息更加敏感。

【技巧】乌比冈湖效应

一、导读

乌比冈湖效应（Lake Wobegon Effect），也称沃博艮湖效应，简单来讲就是人们习惯高估自己的实际水平。巧妙地利用人们这种心理特点，针对他们自我感觉良好的方面进行赞美，有助于更好地影响对方，实现诉求。

二、案例

乌比冈湖效应的名称，源自一位主持人兼作家盖瑞森·凯勒虚构的草原小镇。这个假想的、位于美国中部的小镇叫作乌比冈湖，镇上的女人都很强，男人都长得不错，小孩都在平均水平之上。但实际上，小镇上各种可笑的事情层出不穷，该镇的居民也没有聪明到哪里去。

社会心理学家便借用了这个词，用来表示人的一种总觉得自己高出平均水平的心理倾向。

美国杜邦公司前CEO爱德华·伍立德在哈佛商学院举办的CEO薪酬圆桌会议上发表过这样一段讲话："（CEO）的薪水逐年上涨的主要原因是，大多数董事会希望他们的CEO的薪水处于平均水平之上，因为他们认为这会让公司的势头看起来更好。因此，当Tom、Dick以及Harry涨薪水的时候，我也涨了，尽管那年我干得并不好……这造成了螺旋式上升。"

与乌比冈湖效应对应的是"杜宁-克鲁格效应",指的是"越差越傲慢,越强越谦虚"的现象。杜宁与克鲁格都是康奈尔大学的教授,两人设计了一系列实验,最终得到以下结论:能力不强的人倾向于高估自己的能力水平,如果他们能够经过恰当训练大幅度提高能力水平,最终会认识到且能承认他们之前的无能程度。

了解了乌比冈湖效应,再回想一下生活中遇到的形形色色的人,不难发现很多人都存在自我高估的情况。

那么,在人际交往中,完全可以利用人们的这个特点,对他们施加影响力。商场导购就经常利用这一技术,即便他们并不清楚其背后的心理学原理。

曾见过一位大姐在商场购物,那是冬天,大姐穿着一件貂皮大衣,在试穿一条连衣裙。

大姐很高,但不苗条,穿上之后显得有些紧,效果并不好,但是导购却说:"您身材真好,跟模特一样,这件连衣裙就得大高个儿穿,有效果,我个子矮,想穿都撑不起来。"

大姐说道:"是啊,我上学的时候一直是班里最高的,在学校还当过业余模特,这种连衣裙就得我这种身材的人穿。"

"没错,这裙子穿在您身上真是太有型了。"

大姐很高兴,当即决定买了。我看了一眼价签,3700元,真不便宜。

实际上,大姐完全高估了自己的身材以及连衣裙穿在身上的效果,导购正好利用了这一点,从而实现成单。

三、影响力

既然人们喜欢高估自己，就满足他们。人际交往的高手在交际过程中总会让人很舒服，就是因为他们懂得顺着对方说话。他们明白，只有满足了别人的需求，才能满足自己的需求。既然对方已经高估自己，再给他们戴一顶高帽子也无妨。

没必要指出真相，这并非交际高手的作风；当对方能力、水平达到一定程度之后，自然会意识到自己之前的无知。到时候他们也并不会埋怨你，反而会感谢你没有当面指出他们的不足。

四、知识点

1. 心理学家发现，每个人都有脆弱的一面，因此会用不同的手段来保护自己不被外面残酷的现实所侵害。人们习惯于将成功归功于自己，将失败怪罪于他人。

2. 人们之所以高估自己，是为了提高信心，提高心理舒适度，这是一种自我保护的手段。

3. 研究表明，如果是明知故犯，那么高估自己很可能给当事人带来好处，尤其是经济方面的。

【技巧】鱼和叉效应

一、导读

鱼和叉效应,指的是人们在聊天时经常会抛出各种话题,目的是为了找到对方比较感兴趣的某个领域。比如聊足球、聊电影、聊投资、聊购物,如果对方在足球话题上反应强烈,那就可以在这个领域深入聊下去,从而获得足够的信息。

二、案例

放在以前,经常用到鱼和叉效应的当属算命先生,他们在开始算命之前,会先跟客户聊上一段,提出客户可能会关心的几个不同话题,比如财运、姻缘、健康、贵人等,看看客户的反应。

当客户对某一领域感兴趣之后,比如对健康格外在意,他们就会顺着健康的话题继续聊下去。

算命先生不会表达出内心的真实想法,而是试探性地根据收到的反馈来组织话术。这种反馈有许多种不同的形式,他们会仔细观察客户的微表情,留意客户是否点头、微笑、身体前倾或是突然变得很紧张,然后见风使舵,通过言语进行操控,从而实现自己的目的。

现实生活中,了解鱼和叉效应的都是情商高手,比如销售精英,或者"爱情大师",也可以叫他们爱情骗子。

这里讲一个"爱情大师"的案例。有一个男孩,最大的爱好就是谈恋爱,而且他的条件不错,长得帅气,又会聊天,所以身边总不乏女孩,我们暂且称其为"丘比特先生"。

丘比特先生最喜欢通过网络聊天交友,由于能说会道,而且了解心理学知识,他总是能够很快地找到目标对象,一周之内就可以让对方坠入爱河。

曾经有一个女孩说过:"丘比特先生知识渊博,感觉和他在一起就等于了解了整个世界。最重要的是,他了解我。"

可是姑娘,一个星期,他能了解你什么呢?他了解到的信息,还不都是你告诉他的?

不出所料,丘比特先生渊博的知识,完全来自于网络搜索,而他对女孩的了解,完全是因为运用了鱼和叉效应。

女孩涉世不深,没谈过恋爱,依赖性强,容易相信对方,再加上对丘比特先生有好感,所以聊天的时候知无不言。丘比特先生通过社交软件认识了该女孩,像每一次猎艳一样,他会抛出一些这个年纪的女孩可能感兴趣的话题,当他发现女孩对电影情有独钟时,就针对该话题深聊下去,同时套取更多的信息。

这样一来,女孩不仅觉得他知识渊博,而且还很懂自己。实际上,那都是之前聊天时女孩自己透露的信息,丘比特先生只不过是以高超的技巧说了出来。

现实生活中，这样的案例很常见，那些在网络世界能说会道的丘比特先生，一般都是情场高手，他们身经百战，非常会讨女孩欢心。姑娘们一定要小心，多学习一些心理学知识没有坏处。

了解鱼和叉效应并不是让你拿去骗人的，它在实际工作中有很重要的作用，下面了解一下如何运用这项技巧。

三、影响力

1. 随机性话题的甄选。遇到陌生人，在不了解对方的前提下选择话题，一般是按照如下顺序：天气、电视节目、彼此熟悉的人（如果有）、时事、家乡、工作。

2. 对相对熟悉的人，预测对方的兴趣。稍微有一些接触的人，就会有一些了解，这时可以预测对方感兴趣的话题，然后再利用鱼和叉效应深聊。

3. 选择话题要有相关性。虽然是广撒网，但是也要有一定的针对性，比如谈恋爱，你可以聊天气、聊电影、聊购物，只要是共同兴趣点都行，但是如果一直讲一些对方不感兴趣的话题，就扯得比较远了。

四、知识点

1. 话题要有开放性，不要选择闭合性的话题。

"你跟领导的关系怎么样？"

（这就是开放性话题，对方可以随意展开）

"你好吗？"

（这就是闭合性问题，对方只能回答"还行""我很好"，无法展开谈话）

2. 找到对方感兴趣的几个话题之后，选择共同兴趣点进行拓展，这也是深聊下去的关键。毕竟，你不懂的领域，是不可能聊得很深入的。

【技巧】达特茅斯印第安人队与普林斯顿老虎队效应

一、导读

看到这节标题之后的第一感觉就是：名字好长！这个心理学效应的意思就是——人们往往只看到他们想看到的。

二、案例

1951年，美国大学生橄榄球赛期间，达特茅斯印第安人队遇上了普林斯顿老虎队。橄榄球运动是一项非常激烈的比赛，而这场比赛又格外粗暴。

比赛结束之后，普林斯顿一方有一个队员的鼻子被撞断了，达特茅斯队一方一个学生的腿被踢折了。

如此暴力的事件，自然不会很快平息，赛后两所大学的校报都给出了针锋相对的评论，有意思的是，他们都认为主要原因是对方的动作过于暴力。

这件事引起了社会心理学家阿尔伯特·哈斯托弗和哈德利·坎特里尔的兴趣，于是两位专家分别找到了当时观看比赛的球迷们，也就是两所学校的学生，询问他们当时现场的状况。

采访结果显示，由于双方球迷关注点不一样，对比赛的观感也大相径庭。比如，当被问到是不是达特茅斯队的队员率先使用粗野动作时，36%的达特茅斯大学学生选择"是"；同样的问题，86%的普林斯顿大学学生选择"是"。

除了分析这场比赛之外，专家们还对更多场合进行了研究，结果显示，当信念很强的人被问及争议性话题时，他们往往只看到他们想看到的。

确实如此，以北京国安足球队为例，由于这些年国安成绩比较稳定，再加上多年来的文化传承，北京的球市很火爆，这一点是毋庸置疑的。

不过，很有趣的现象是，同一场比赛，绝大多数非国安粉丝的外地球迷都不支持国安。

这一点从解说上就能看出来，本地电视台的解说会明显偏袒自己的球队，即便是很严重的犯规也会轻描淡写。然而，同样的动作，对手做出来之后，言辞就会比较严厉。

这种情况就会导致比赛之后的口水战，如果是国安在吹罚上占了便宜，网上就会出现一边倒的骂战，这有很多原因，很重要的一点就是，每个人只看到自己想看的。

比如国安球员一次铲球，连人带球放倒对方，国安球迷就会认为先碰到球了所以不算犯规，对方球迷则会认为这是一个危险动作，要吃黄牌。

大家只看到自己关注的方面，这就导致了矛盾的产生。

了解了达特茅斯印第安人队与普林斯顿老虎队效应之后，最关键的是如何运用。既然大家只愿意看到自己想看到的，那就满足他们。

三、影响力

1. 既然人人都喜欢赞美，何必指出缺点？

或许你觉得这样的标题有些不负责任，但是从古至今，忠言逆耳的道理无数次得到验证，如果你跟对方的关系没有那么好，那么不要轻易指出缺点。人们喜欢看到自己的优势，看到自己独特的一面，如果你想赢取对方的好感，放大他们自身的优势准没错。

2. 只要不讲假话就可以

讲真话是有代价的，讲假话又是违背道德万万不可的，然而有些时候，你可以避开雷区。比如你追求女孩子，对方很胖，你会直接指出这一点吗？但凡有点情商的人肯定不会！

直接指出他人的缺点是缺乏修养的表现，你可以换一种说法，中国的语言文化博大精深，多读点书，关键时刻就知道该说什么了。

"胖"可以换成"富态""可爱"，甚至是"熊猫"这些词。

"你一点都不胖，这叫富态。"

"放在唐朝,你就是绝世美女。"

对方胖自己心里清楚,用不着别人说出来,如果她没有拼命减肥,就说明已经接受了现状。所以,这时候你只要更改用词,不说假话就可以了。

四、知识点

赫洛克效应,指的是适当表扬的效果明显优于批评,而批评的效果比不予任何评价好。心理学家赫洛克曾做过一个实验,他把被试分成四个组,在四种不同诱因的情况下完成任务。每次工作结束后,对第一组予以表扬;第二组予以批评;第三组不予评价,只让他们听着对前两组的表扬或批评;第四组则与前三组隔离,不予任何评价。

结果显示,前三组的工作业绩明显优于第四组,而第一组、第二组的成绩又好于第三组。

第七章

如果你也不想输

【测一测】你是驰骋职场的高手吗

驰骋职场的顶级高手,都是一些综合素质很高的家伙,这些人具备全面的能力,因为只有当每一项能力都在平均分之上时,才能保持常胜的概率。

你在职场属于什么级别的员工呢?试试下面这个测验吧:

1. 在工作中遇到困难时,你通常采用何种应对方法?

    A. 轻易放弃;

    B. 自己努力解决问题;

    C. 直接找同事帮忙。

2. 当人际关系出现问题时,你通常会选择怎样的态度应对?

    A. 无所谓,不在乎同事间的关系;

    B. 积极修复关系;

    C. 碍于面子,希望别人帮忙调解。

3. 与大多数同事相比,你对自己的能力:

    A. 不太自信;   B. 十分自信;   C. 介于两者之间。

4. 在过去的一年中,你认为自己遭遇挫折的次数为:

    A.6 次以上;   B.2 次或以下;   C.3~6 次。

5. 如果发生了令你担心的事情,你通常:

    A. 无法安心工作;   B. 没有影响;   C. 介于两者之间。

6. 在公司，遇到令人厌恶的竞争对手时，你通常会：

　　A. 无法应付； 　B. 应付自如； 　C. 介于两者之间。

7. 被领导批评或是在工作中遭到挫折后，你通常的做法是：

　　A. 自暴自弃，或跟领导吵架；

　　B. 牢记批评，把挫折转化为动力；

　　C. 介于两者之间。

8. 当工作进展缓慢时，你会：

　　A. 非常急躁； 　B. 冷静地想办法应对； 　C. 介于两者之间。

9. 碰到无法解决的问题时，你通常会：

　　A. 失去信心； 　B. 绞尽脑汁独立解决； 　C. 介于两者之间。

10. 当工作强度过大时，你通常会：

　　A. 身体疲乏，反应较慢；

　　B. 适当休息，减轻疲劳感；

　　C. 介于两者之间。

11. 当工作条件恶劣时，你通常：

　　A. 无法集中精力工作；

　　B. 照常工作，不受影响；

　　C. 介于两者之间。

12. 当工作不开心时,你会:

   A. 辞职走人;

   B. 振奋精神,努力工作,并且缓和人际关系;

   C. 介于两者之间。

13. 当领导交给你很难完成的任务时,你会:

   A. 想方设法推辞;

   B. 积极回应,尽力做到最好;

   C. 介于两者之间。

14. 当公司让你加班时,你往往会:

   A. 厌恶之极;   B. 欣然接受;   C. 介于两者之间。

计分标准:

选择A得0分,选择B得3分,选择C得1分,然后将各题所得的分数相加。

题号	1	2	3	4	5	6	7	8	9	10	11	12	13	14	总分
A	0	0	0	0	0	0	0	0	0	0	0	0	0	0	
B	3	3	3	3	3	3	3	3	3	3	3	3	3	3	
C	1	1	1	1	1	1	1	1	1	1	1	1	1	1	

测试总得分:

30分以下:总分在30分以下的人,说明你的各项工作能力一般,不善于应对困难,你离高手的标准还很远。

  31~42分:总分在31分以上的人,分数越高说明工作能力、人际关系等方面的综合实力越强,这样的人在工作中往往能够独当一面,不仅能拿到高薪,职场生涯还会相当顺利。

【现象】为什么你总是不开心

有些人每天上班开开心心，因为有目标，能动性强，最关键的是人际关系好；有些人每天一起床就愁眉苦脸，来到公司之后看谁都不顺眼，其实大家看他们也不顺眼，这样的人工作效率可想而知。因为他们人缘不好，处处碰壁，经常被领导批评，被同事排挤，这样的人实在开心不起来。

到底哪里出了问题？在群体心理学中，人们把一个人从团体中游离出来，或与其他人不合群而独立存在，从而引发减力的现象，称为游离效应。

在职场上，游离效应更多地出现在低情商的员工身上，尤其是刚刚走出校园的新人，还不能完全理解团队精神的重要性，加之一些年轻人很有个性，所以很容易脱离群体。在这些新人之中，性格内向的一群人最容易落单，他们不爱说话，很少主动参与到团队中来，很快就会被遗忘。

俗话说得好，独行行不远，单干干不长，指的就是游离效应。任何不能融入团队的人，即便工作能力再强，也很难开心工作。一个游离于团队之外的人，无论怎样努力都很难得到相等的机会，不受重视，结果只能是被迫跳槽。

在职场，有一类员工被称为"贝壳型员工"，就是像贝壳那样自我封闭，与外界隔绝。这类员工最显著的特点就是缺少团队精神，自我封闭，不愿与人沟通，不善合作。

"贝壳型员工"由于长期沉浸于孤独的心理状态，久而久之便习惯了，甚至很享受这种状态。他们对周围的同事缺乏了解，甚至漠不关心，将内心封闭在一个自我的世界，不善与人沟通合作，只是做好分内工作，很少参加集体活动，也不关心团队利益。这样的人不要说开心工作，就是保住职位都很困难。

张娣是我很早以前的一个同事，她只在公司待了半年，就因为游离于团队之外而被淘汰了。其实，她也没出过什么差错，唯一的缺点就是不喜欢与同事交流。

张娣刚来单位的几天几乎不说话，起初大家并没在意，认为新人适应一阵子，熟络起来就好了。然而，几个月过去了，她依然我行我素，不怎么跟大家沟通。虽然从事文案工作并不需要很强的沟通能力，然而她一天当中与同事沟通不超过十句话，让人感觉不到她的存在，甚至有同事用"安静得可怕"来形容她。

每天中午，张娣总是一个人躲在角落里闷头吃饭，周围的同事主动与她聊天，她也只是"嗯""啊"地敷衍作答，弄得大家吃饭时都很别扭。

据说张娣辞职时向领导哭诉，说大家都不喜欢她，工作不开心。虽然很无奈，但早就看出端倪的领导，并没有强留她，任她辞职了。

不合群，就很难开心工作，没有良好的人际关系，工作、生活都不会很顺利，这种现象很常见，每个公司都可能有这样的人。自己意识到问题的严重性后，应该努力克服性格劣势，尽快融入团队。

【技巧】优先效应

一、导读

优先效应,也称首因效应、第一印象效应、先入为主效应等,指的是个体在社会认知过程中,通过第一印象最先接收的信息对客体以后的认知产生的影响作用。它是一种心理倾向,被人们习惯性地称为"第一感觉"。

二、案例

心理学家经过长期研究发现,初次见面,彼此只需45秒就能形成第一印象,而这一最先的印象将对彼此的社会认知产生影响,直接影响双方接下来的交往。

当你来到一家新公司时,与其指望同事、领导记住你的简历,不如从良好的第一印象开始。至少让自己看起来精神点,有助于发挥优先效应,增加自己的印象分。

出于本能,人们格外看重第一印象,虽然谁都知道不该以貌取人,然而一旦第一印象在人们心中形成心理定式,便会持续很长时间,使人们在后续的了解中多偏向于第一印象所形成的感觉。

人的本性如此,抱怨是没有用的,所以即便你是一个才华横溢的人,也要注意自身形象。很多叛逆的年轻才俊对此不以为然，甚至不屑一顾，然而这是一种最基本的礼仪，是每个人都应该具备的礼仪常识。试想，如果你每天上班都不得不面对一些邋遢的家伙，你的心情会好到哪里去呢？

对于优先效应的作用，我的感受非常深刻，因为大学毕业后的第一份工作，我就因此而受益。记得那会儿是非典时期，人人自危，很多公司都停止了招聘，而我只是个刚刚毕业的大学生，没有一点儿工作经验，没有人脉，拿着一纸文凭漫无目的地发着简历，就像大海捞针似的碰运气。

对于很多刚毕业的大学生来说，数百封简历投出去之后，总会得到几次面试机会，但多数都是走过场，"回家等消息吧"是很多求职的毕业生最常听到的一句话。听上去让人无奈，而回忆又让人心酸，但是仔细想想，那些失败的倒霉蛋自身也存在不少原因。

我从不否认自己是个幸运的家伙，在非典时期竟然找到了一份国企的美差，抛开幸运成分不谈，第一印象确实给我加分不少。由于我平时很注意个人形象，自认为长得还不错，所以每次出门前都会精心打扮一番。这种习惯帮助我顺利地找到了人生中的第一份工作，至今我还记得女经理的那句"小伙子面相不错，很精神"。

进入一个新的集体之后，如果能给团体留下深刻的第一印象，那么接下来的工作就会顺利很多。这里讲的优先效应，指的不仅仅是外貌，各个方面都要给人们留下深刻印象。比如口才、工作能力、应变能力等，如果你可以在各个方面都留下不错的印象，就会受到重视。

实际上，这就是一种潜意识方面的影响，你利用良好的表现给对方留下印象，从而在潜意识中告诉他们：这个家伙真的很优秀！

三、影响力

1. 让每一个"第一次"发挥作用。第一次握手，第一次微笑，第一次讲话，第一次合作……第一次就把事做好很重要，形成很有能力的先入为主的印象，接下来的工作就会更容易。如果第一次就出错，对方就会质疑你的工作能力。

2. 快速记住所有人的名字。记住他人姓名是最基本的礼仪，然后找到一个最适合的称谓，比如马总、张经理、王姐……这个称谓一定要是双方都能接受的，尤其挑对方爱听的叫。

四、知识点

1946年，美国社会心理学家所罗门·阿希最先提出首因效应。

阿希做了一个经典的实验，他将被试者分为两组，告诉他们，以下六个形容词分别形容一个假想之人，他按照如下顺序给第一组看：（1）聪明的；（2）勤奋的；(3)冲动的；（4）爱批评的；(5)顽固的；（6）嫉妒的。给第二组被试人员按照相反的顺序看了刚才那六个形容词：（1）嫉妒的；（2）顽固的；（3）爱批评的；（4）冲动的；（5）勤奋的；（6）聪明的。

同样是六个形容词，只是顺序调换了一下，会有什么不一样的结果呢？

实验结果表明，第一组被试者对假想之人给予了积极评价，而第二组被试者则正相反，给予了消极评价。

【技巧】露脸效应

一、导读

前面讲过,在职场,来到一个新环境,第一印象很关键。然而,只留下良好的第一印象是不够的,如果你在一个比较大的集团工作,想要不断进步,那么频繁露脸也很重要。

二、案例

露脸效应,也叫多看效应、接触效应,指的是人们对于越熟悉的东西越喜欢。在工作中,那些职场红人往往将露脸效应发挥得淋漓尽致:他们善于制造双方接触的机会,从而提高彼此间的熟悉度,互相产生更强的吸引力。无论是与同事还是与领导相处,他们总会不失时机地出现,露个脸,给人熟识已久的感觉。

实际上,这种方式是有心理学依据的,频繁露脸就会增加好感,也是一种心理操控方式。

露脸效应不同于首因效应,第一印象对于那些相貌、气质俱佳的人来说作用更大,毕竟谁都喜欢漂亮的脸蛋。不过,即便长相平平也不必灰心,只要善于运用露脸效应,一定会让你得到更多的机会。

心理学实验证明,频繁露脸,能够有效增强人际吸引力,这就要求在公司中适当提高自己的熟悉度，增强他人对你的喜欢程度。如果你是一个不爱说话的家伙，总喜欢趴在办公桌上从早忙到晚，那么你的付出很可能会白费，因为无论你多么努力，也没人看见。即便你的业绩符合升职要求，但是由于露脸次数太少，领导、同事对你都很陌生，并没有特别的好感，那么机会也就绝少会轮到你。

刘峰毕业后就加入了一家五星级酒店，较早的时候这家酒店在北京很知名。这是一家规模很大的企业，里面分为十三个等级，刘峰刚加入的时候在酒店财务部上班，属于最低级别。

刘峰是一个很有上进心的孩子，不甘心每天只是端茶倒水送文件。他想学东西，也想快速晋升，但是当年如果没有关系是很难在短时间内往上爬的，只能慢慢耗年头。

刘峰很有心计，而且工作能力强，早就熟悉了所在部门那些简单的工作，他希望能在不同岗位之间轮换，目的是将来成为酒店经理。

为此，刘峰开始到处"乱窜"，他会利用送文件的机会去其他部门，跟各部门的同事、领导聊两句，先混个脸熟再说。

由于刘峰情商很高，很会说话，时间久了，各部门领导都知道了这么个人，他也多次跟各部门的大佬表示过自己的意愿，希望多学习一些知识。

半年后酒店物业部招人，物业总监提出从酒店内部挖掘，分别从财务、餐厅、行李等部门调入一个人，目的是更好地服务客户。

当开会讨论该从财务部调谁过来时，物业部员工几乎异口同声地提到了刘峰。至此，刘峰仅用了半年时间就得到了调动机会，也离自己的目标近了一步。

这就是一种潜在影响力，频繁露脸，而且给人留下好感，就会在别人心中留下深刻印象，剩下的就是等待机会的到来。

三、影响力

1.露脸效应的前提。频繁露脸有一个很重要的前提，那就是建立在良好的首因效应基础之上。也就是说，你必须给领导、同事留下不错的第一印象，才可以频繁露脸以增强他们对你的好感。如果第一次见面对方就不喜欢你，你却依然采取露脸效应，只会增加他人的厌恶感。

2.抓住一切露脸的机会。职场很残酷，机会稍纵即逝，这就要求珍惜一切抛头露面的机会。不要胆怯，努力往前冲，在领导面前把事办好，留下好印象。

3.露脸时机的选择。频繁露脸也要考虑时间、地点、什么状态下、在谁面前露脸，你需要在关键人物面前露脸，而且还要在领导高兴的时候出现，这些都是一种潜在的影响力，考验的是一个人情商的高低。

四、知识点

1.20 世纪 60 年代，心理学家查荣茨做过一项实验：他向实验参与人员展示了一些照片，部分照片反复出现，多达二十几次，有些照片则出现十几次，而另外一些照片在整个实验过程中只出现一两次。

结果显示，被试者更喜欢那些看到次数最多的照片，对只看到过几次的照片不感兴趣。

研究人员认为，人们看到照片的次数越多，对照片的喜欢程度就越强烈。

2.心理学家赛安斯也做过类似实验，他准备了 12 张大学生的大头照，然后随机抽取几个人的照片让受试者观看。实验结果显示，接触次数与好感度的关系成正比。也就是说，那些观看大头照次数越多的学生，对于照片中的人物越喜欢，赛安斯将这种理论命名为"纯粹接触效应"。

【技巧】男女搭配、干活不累

一、导读

前面讲过异性效应在人际交往中的作用,这条定律在职场同样适用,所谓男女搭配,干活不累,就是这个道理。与异性一起工作,可以产生一种特殊的相互吸引力和激发力,彼此都能够从中体验到快感,并带来积极的情绪与力量。

二、案例

我们都很清楚,在竞争的状态中,人们的工作效率会得到很大程度的提升,心理学家特里普利特就做过类似实验,他让被试者分别在三种情境下骑行25英里的路程:第一种情境是单独骑行计时;第二种情境是骑行时让另外一个人跑步伴同;第三种情境是与其他骑车人竞赛。

结果显示,单独骑行计时情况下,平均速度为每小时24英里;有人跑步同行时,时速达到31英里;而竞争情境下的平均时速则为32.5英里。

除此之外,特里普利特还进行了计数和跳跃等一系列任务实验,结果都证明了同样的观点。这种现象被称为社会助长作用,而异性效应则是社会助长作用中的特殊现象。

在社会助长理论的基础上,中国学者金盛华于1989年最先提出了"性别助长"的假设。他认为，"对于性意识发展成熟的人，异性有高于同性的特别行为促进作用"，即对于性意识发展达到成熟水平的个体，异性的存在会导致特殊行为的效率提高。

这一理论在实际工作中得到了验证。当两个比较年轻的异性同事一起工作时，往往能够在很大程度上提高工作效率，因为彼此间会产生一种特殊的相互吸引力和激发力，并能从对方身上体验到难以言传的感情追求与兴奋感，反映在工作中，则表现为更加积极努力，充满动力。

如果你是领导，那么一定要善于利用异性效应，充分调动团队成员的工作积极性。当年，某中心物业部的布总是从香港万豪酒店调过来的，他就成功地利用异性效应激活了整个物业部。

布总接手物业部之后，发现办公室氛围很不好，虽然员工都是刚毕业的年轻人，但包括领导在内都是男的，于是他就招来了一个女经理。这位女经理精通日语，活泼漂亮，一下子就带动了办公室的气氛，很多男员工都会上赶着跟她谈工作。气氛活跃了，工作积极性也就提高了，物业部的工作效率与服务质量都得到了相应提升。

三、影响力

1. **性格互补**。作为领导，如果希望通过异性效应提高工作效率，在搭配时一定要考虑到性格互补的问题。如果男生性格内向，就应该安排一个外向性格的女生；相反，也是同样的搭配。性格互补的组合能让工作效率最大化，而两个性格内向的人搭配，工作效率最低；两个性格外向的人搭配，又容易产生矛盾。

2. 优先选择性格活泼、相貌较好的员工。作为领导，在进行异性搭配时，优先考虑的是性格，其次是相貌。性格活泼的员工，能够给团队带来生气，而相貌较好的员工会更受同事欢迎。

四、知识点

美国科学家曾发现一个有趣的现象，在太空飞行中，60.6%的宇航员会出现头痛、失眠、恶心、情绪低落等症状。为了揭开这个谜团，他们特意请心理学家前来帮忙。通过分析，心理学家发现原因竟是宇宙飞船上都是清一色的男性。之后，相关部门采纳了心理学家的建议，在执行太空任务时挑选一位女性加入，结果，宇航员先前的不适症状消失了，工作效率也得以大大提高。

【技巧】赛利格曼效应

一、导读

　　塞利格曼效应是以心理学家马丁·塞利格曼的名字命名的，指的是人或动物若接连不断地遭受打击与挫折，便会感到自己对于一切都无能为力，丧失信心，陷入一种无助的心理状态。

二、案例

　　工作中，一定要尽可能避免陷入失败的恶性循环，否则就会一蹶不振。心理操控技术不只能影响别人，更重要的作用是影响自己。

　　尤其是刚进入职场的前几年，工作能力、经验、人脉等都有所欠缺，一旦在工作中遭遇连续挫折，那些心理素质不过硬的年轻人会很容易陷入一错再错的境地，从而对自己彻底失去信心。

　　当一个人长期生活在消极沮丧的环境之中，意志力就会降低，依赖性会增强，渐渐失去希望，这是十分危险的信号。放眼世界历史，每当出现大环境的改变时，如战争、饥荒等灾难，都会有很多人出现塞利格曼效应。心理学家曾对"二战"

时集中营的幸存者进行研究，发现有些人拒绝关心和鼓励，这些都是明显的塞利格曼效应的表现。

小敏学的是广告专业，毕业后来我们公司做设计。她其实是个挺好的女孩，就是心理承受能力太差。一次，经理让她做一个 logo，命令她下班之前必须完成。她吭哧半天做出来一个，却跟经理要求的完全不一样。正巧那天经理工作忙，情绪有点不好，随口说了她一句："这是什么！我是怎么跟你说的，拿回去重做。"

没想到，就这么一句话小敏就受不了了，趴在办公桌上哭了起来，直到下班也没再去找经理，把工作也给耽误了。第二天，小敏的设计方案因为达不到要求被屡次退改，并被经理狠狠地批评了一顿。

当时，我们在办公室议论纷纷，有些同事认为小敏挺不容易的，有些同事认为没什么大不了的。不过，令大家没有想到的是，小敏在方案第四次被退回修改之后竟然甩手不干了，她哭着收拾好办公桌，直接回家了。

像小敏这样的新人还有很多，这类人通常被形容为"草莓族"，内心脆弱，能力低，还不虚心，经受不住批评，稍有不顺心就想一走了之。他们自认为换一个环境情况就会更好，实际上如果自己不做出改变，到哪里都一样。

一旦发生塞利格曼效应，人们就会下意识地认为自己一无是处，从而陷入绝望的境地。要知道，这是非常可怕的，很容易葬送自己的职业生涯。所以，你必须有所行动，通过潜意识进行自我操控，充分调动积极性，让一切重回正轨。

三、影响力

1. 避免以点概面。在工作中犯错误是难免的，但不可就此怀疑自己，认为自己一无是处。有些人习惯于以点概面，如果一件事没做好，就认为每件事都做不好，这样会让自己背上很大的心理压力。

2. 激活成功心像。当你陷入低谷时，最需要的就是激活成功的自我心像，你需要用成功经验抵消失败带来的坏情绪。这时有两种方法：

A. 意念成功疗法。通过想象过往的成功经验，尤其是在同类事情上的成功经验，增强信心，激活积极情绪。

B. 行动疗法。立即行动，从自己最擅长的小事开始，以最快的速度取得成功。例如，你的项目策划案因为缺少逻辑思维被老板骂得一无是处，但你很善于做PPT，那么你就可以通过制作精美的PPT找回信心。每次失意之后，通过立即行动，快速取得成功经验，这也是一种有效的疗法。

四、知识点

1. 塞利格曼效应并非永恒不变的真理，人类在面临巨大危机时，也有可能自动走出它的枷锁。在著名小说《歌门鬼城》中，主角泰特斯·格兰原先是一位消极处世的贵族，但当家园面临劫难时，他能够从消极境况中走出来，态度积极地去应对困难。然而，当危机解除之后，他又回到之前消极沮丧的状况。

2. 1967年，美国心理学家马丁·塞利格曼以狗为对象做了下列一组实验。

实验一：

塞利格曼将一条狗关进一个带有电击装置的笼子里，通过电击引起狗的痛苦，但又不会使狗毙命或受伤。通过观察发现，这条狗最初受到电击时拼命挣扎，想要逃出这个笼子，但多次努力之后意识到无法逃脱，当它再次受到电击时，挣扎的强度就会逐渐降低。

实验二：

把这只受过电击的狗放进另一个笼子。这个笼子由两部分构成，中间用隔板隔开，隔板的高度是狗可以轻易跳过去的。隔板的一边装有电击装置，另一边则没有。测试人员发现，这只刚刚遭受过电击的狗除了在前30秒出现惊恐状况之外，一直趴在那里，绝望地忍受着电击，再也不去尝试逃跑。

实验三：

塞利格曼找来了几只没有经受过电击实验的狗，直接放进有隔板的笼子里，这些狗遭到电击之后都轻松地跳到了安全的一边。

在完成上述三个实验之后，塞利格曼将狗的绝望心理称为"塞利格曼效应"。之后，为了找到防止塞利格曼效应发生的办法，经过进一步的研究，塞利格曼又重新设计了一个实验。他会先对被测试的狗进行培训，把它们放到可以躲避电击的笼子里，当它们接受电击时，只需轻轻一跳，就可以免受电击之苦。等狗学会之后，再让其参与第一个实验。结果证明，这些经过培训的狗一般不容易出现塞利格曼效应。

【技巧】人际相似效应

一、导读

人际相似效应,是指人与人在思想观念和社会生活方面的相同和近似因素,能够使人际间产生相互吸引的作用力。人在职场,就要善于利用人际相似效应寻找盟友。

二、案例

米凯拉·斯特恩·埃利斯是美国杜兰大学二年级的学生,去年夏天,她通过社交网站发帖寻找室友,结识了小她一岁的埃米莉·纳皮,她们很快发现彼此之间兴趣相投,有很多共同点。

美国《纽约每日新闻》援引斯特恩·埃利斯的话报道说:"当时有个在线调查,我们俩都对寄宿制学院沃尔感兴趣。我在调查中寻找,看到埃米莉的回答,发现我们有许多相同点。"比如,两人都喜欢表演,还曾在不知情的情况下买了同一款毛衣。

虽然两人并没能成为室友,但一直保持着密切的联系,成为无话不谈的好朋友。两人不仅兴趣相同,而且长相也很像。通过交谈得知,两人的父亲都是匿名捐精者,但当时她们并未多想。两人放寒假回家后，分别与家人谈及此事，这引起了埃利斯母亲的注意。她看了纳皮的照片，发觉对方跟女儿真的很像。

通过查询捐精者的编号，双方惊奇地发现，斯特恩·埃利斯和纳皮竟然是同父异母的姐妹。

这是一则有关人际相似效应的新闻，实际工作中，该心理学效应还有更重要的作用，那就是吸引潜在盟友，这会让你的职场生涯更顺利。

公司老板一般比较反感职场小圈子，但是却不可避免，这也从侧面说明工作中找到盟友的重要性。

刚毕业的职场新人，需要有人带才能更好地学习、进步；身经百战的职场"老油条"，更懂得盟友的重要性，毕竟有人支持，才能更好地展开工作；成为领导之后，需要建立自己的心腹集团，这样才能更好地分配工作。而这一切，都离不开人际相似效应。

小伟是学财会的，第二年就转到了酒店行业。来到新环境之后，小伟很不适应，同事的行事风格、言谈举止、思维方式等与之前的国企财务部完全不同。

小伟的上一家单位属于交通部下属公司，员工素养较高，多是本科以上学历，又因为是国企，大家表面上很客气。

进入酒店后境况完全不同，由于门槛较低，员工的学历普遍不高，所以大家言谈、行事风格都很随意，没有国企的客气，表达方式很直接。

刚毕业一年的小伟显然不适应这种"血淋淋"的真实感，他觉得同事素质低，同事们觉得他自视清高，所以他的人际关系很糟糕，再加上没有工作经验，工作中四处碰壁，上班第一个月小伟很少与同事交流。

三个月之后，小伟认识到情况的严重性。如果想继续从事这一行，就必须尽快融入团队，而且需要拉拢盟友，找到靠山，这也是快速融入的唯一方法。

酒店员工很多都是职高毕业后直接分配过去的，没有念过大学，所以双方的兴趣点完全不同。同事要么喜欢网游，要么喜欢夜店，而小伟对此一窍不通，找不到一点谈资。

为了更快速地融入，小伟开始试着发展更多的兴趣爱好，他开始跟着同事玩网游，下班之后也会跟他们一起出去喝酒。

渐渐地，他开始融入这个圈子。后来部门新招聘进来一位经理，两个人之前都做过财务，而且平时都喜欢跑步，所以很快就混熟了。就这样，小伟算是找到了靠山，在经理的带领下，他逐渐与更多同事建立起良好的人际关系。

美国总统罗斯福曾经说过："成功的第一要素就是要懂得如何搞好人际关系。"良好的人际关系是一项重要的职场生存法则，而利用人际相似效应，找到志同道合的盟友，能帮你更快速地达成目标。

三、影响力

1. 找到发现共性的方法。在试图发现对方与自己的共同点时，先要找到发现共性的方法。没有人能通过一两次简短的接触就观察出他人的人生态度、兴趣爱好、性格特征等，因此，需要在长期的工作中逐渐发现他人的特性，这就要求学会分析和揣摩他人的心理特征，慢慢找到切入点。

2. 寻找志趣相投的盟友。与志趣相投、志同道合的同事结盟，关系会更加稳固。比如，你们都喜欢踢足球，你们都是摇滚迷，或者你们都是手工达人。总之，只要兴趣相投，就不怕没得聊，建立良好的人际关系只是早晚的事。

3. 迎合他人是一种智慧。今日的职场，迎合他人也是一种智慧，一种生存手段。如果你与同事几乎没有共同点，那么为了建立联系，你就必须做出改变，迎合他人，但谨记，不要因此迷失自我。

4. 利用相似性。越是熟悉的人越容易产生好感，那么如何利用相似性呢？频繁接触，经常露脸，穿着相似，言谈相似，兴趣相似等。

四、知识点

美国社会心理学家纽科姆进行过一项研究，他找了17名大学生，为他们免费提供四个月的住宿，前提条件是他们需要定期接受实验者的谈话与测验。

在进入宿舍之前,研究人员首先测定了他们关于政治、经济、审美、社会福利等各方面的态度、价值观以及他们的人格特征。然后再将这些学生混合起来,并安排在几个房间里共同生活四个月。

四个月之后,研究者询问他们对以上问题的看法与态度,并且让他们说出喜欢的人与不喜欢的人。

结果表明,在这些被试相处的初期阶段,空间距离的邻近性决定了人与人之间的吸引力;到了后期阶段,人际相互吸引规律发生了变化,彼此间的态度与价值观越相似的人,相互间的吸引力就越强。

第八章

搞定客户其实很容易

【测一测】你的销售技巧怎么样

1. 客户提出问题,你却不知如何回答,这时你会——

    A. 以个人理解回答,使用模糊化用词,如"好像""可能""应该是"。

    B. 承认你缺乏这方面的知识,回去询问之后给客户答案。

    C. 信口瞎编,给客户想要的答案。

2. 当客户理解错误时,你会——

    A. 打断并纠正客户。

    B. 聆听然后改变话题。

    C. 通过举例、提问等方式,让客户自己意识到错误。

3. 销售过程中遇到挫折时,你会怎么做——

    A. 请假,不想上班。

    B. 强迫自己更卖力地跑客户。

    C. 请求领导或同事带你一起去见客户。

4. 面对难缠但重要的客户时,你会——

    A. 偶尔拜访。

    B. 频繁拜访并努力改善关系。

    C. 请求领导换其他同事跟进。

5. 当客户表示太贵了的时候,你会——

    A. 直接改变话题。

    B. 肯定客户说法,然后强调"一分钱一分货"的道理。

C. 忽视客户,不再跟进。

6. 当你的意见与客户背道而驰时,你会——

    A. 强调支持自己观点的证据。

    B. 转换话题并继续销售行为。

    C. 耐心解释并试着签订合同。

7. 当你拜访客户时,对方表示可以一边处理文件一边听你讲话,你会——

    A. 开始阐述此行目的。

    B. 向客户表示等他处理完毕再开始。

    C. 请求合适的时间再访。

8. 进行电话拜访时,接电话的是客户的秘书或前台,你会——

    A. 告诉秘书或前台,我是你们经理的朋友,有事找他。

    B. 告诉秘书或前台,这次拜访将给贵公司带来很大好处。

    C. 告诉秘书或前台,你希望同客户本人讨论产品事宜。

9. 面对急躁客户时,你应该——

    A. 态度温和,耐心解释。

    B. 指出客户错误。

    C. 拣客户爱听的讲。

10. 向客户展示样品时,你会——

    A. 当客户阅读时解释销售重点。

    B. 先推荐产品,然后再按重点念给对方听。

    C. 把印刷品留下来,以待访问之后让客户仔细阅读。

11. 当客户询问你关于竞品公司的意见时，你会——

　　A. 强调对方产品的缺点。

　　B. 强调自己产品的特征。

　　C. 指出彼此善品不同，强调自己产品的优势。

12. 当客户出现抱怨时，你应该——

　　A. 打断客户，并指出其错误之处。

　　B. 否认公司以及产品的问题。

　　C. 仔细聆听，接受客户的抱怨并表示积极改正。

13. 假如客户要求打折，你应该——

　　A. 表示回去请示领导。

　　B. 解释本公司的折扣原则，然后强调产品优势。

　　C. 不予理会。

14. 当客户表示自己的朋友对产品很不满意时，你应该——

　　A. 表示对方在乱说。

　　B. 详细询问具体情况，如果是产品问题，你会给出具体解释。

　　C. 说明该客户可能在操作方法上出现问题。

15. 在拿到订单之后，你会——

　　A. 表示感谢，然后离去。

　　B. 感谢客户，进一步强调产品特性，并与客户保持联系。

　　C. 请客户喝一杯，试图成为朋友。

评分标准：

题目	答题选择A	答题选择B	答题选择C
1	1	3	0
2	0	1	3
3	0	3	1
4	1	3	0
5	0	3	0
6	0	1	3
7	0	3	1
8	1	3	0
9	3	0	1
10	1	3	0
11	0	1	3
12	0	0	3
13	1	3	0
14	0	3	1
15	0	3	1

参考答案：

0~15分：你的销售能力、经验、技巧、情商等因素显然存在较大差距，也许你并不适合做销售行业。如果你不甘心，就要多多学习，更拼命地工作。

16~45分：分数越高，说明你的销售能力越强，不过即便你拿到满分，也不要自满，通往顶级销售员的道路还有很长。

【现象】为什么销售冠军总是他？

销售圈有一个现象，就是强者恒强，以业绩来说，公司销售冠军总是在固定的几个人之间，这也让很多销售新手搞不明白。

其实，这种现象并不难理解，销售高手除了普遍的特质——比较拼之外，往往具备各方面的综合素养，比如情商、技巧、口才、人脉等，当这些因素集于一身，就成为他们良好业绩的保障。

这些销售高手拿到的订单越多，就意味着积累的客户越多，而客户都有一种潜在心理倾向，愿意与熟人做生意，因为信任。同时，口碑效应也会发挥作用，所谓一传十、十传百，销售高手的客户资源就是这样积累起来的，他们成为销售冠军也就不足为奇了。

很多人会问：难道新人就没机会了吗？

当然不是，这些高手都是从零做起的，一开始都是一无所有的人。最初促使他们成功的因素，我总结为一个字：拼！

的确，当你一无所有时，除了拼还能做什么呢？

我经常跟培训圈的人打交道，对于某些行业的人来说，培训还是很有用的，尤其是销售人员。这个圈子很多厉害的培训师出身并不好，家里很穷，很多都是来自农村的孩子，可能是穷怕了，所以他们非常拼。

有一位吴老师，来自贫困的山区，家里非常穷，很小的时候就去大城市打工了。他发誓这辈子再也不要受穷。一次偶然的机会，他听了一场讲座，从此开始了培训师的生涯。

和很多同事一样，他的目标也是成为公司的销售冠军，唯一不同的是，他的信念更加坚定，因此也比其他同事更努力。

刚进入公司的时候，吴老师设定了三个月之内成为公司销售冠军的目标，在他看来，这个目标是完全可以实现的，并且让他热血沸腾。

不过，在同事看来，吴老师的目标很可笑，因为他连说话都结结巴巴，普通话也不标准，打电话时啰里啰唆根本讲不清楚。这样的业务员，想要成为销售冠军，谈何容易。

吴老师意识到自身的缺陷，用自己的努力给了那些等着看笑话的同事一记响亮的耳光。

其他人每天打50通电话，吴老师就打100通；

其他人每天发50条短信，吴老师就发100条；

其他人每天早上7点起床，吴老师每天早上5点就起床；

其他人晚上10点下班，吴老师晚上12点下班；

其他人周末休息，吴老师则继续上班……

吴老师这么拼，一是因为深知自己的基础不行，二是他有一个明确的目标——短期内成为公司的销售冠军，努力赚钱好尽早搬出地下室。

每天早上起床后，吴老师就开始练习普通话，练习话术，反复阅读公司所有的主持稿、演讲稿。三个月后，别人可以听懂他讲的普通话了，他也可以毫无障碍地与客户交流了。理所当然，他成了公司的销售冠军，而且几乎每个月的销售冠军都是他。

很快，吴老师搬出了地下室。不过生活条件的改善并没有让他放松，相反，更多的目标反复激励着他。

又过了半年，他买了第一辆宝马；

三个月之后，他成为公司销售总监；

一年之后，成为集团公司执行董事；

他还创下了一小时之内拿下2100万订单的神话。

没有伞的孩子，只能玩命跑才能避免成为落汤鸡。当一个人一无所有时，努力会让你改善境遇，但是要再往上一步，光靠努力与坚持是远远不够的。就像案例中的吴老师，他很拼，但只是够拼并不足以让他成为集团公司的执行董事。

如果你想光靠拼命成为每个月的销售冠军，那肯定有你累的。真正的销售高手一定掌握着很多技巧，他们善于把控客户，从而实现高人一等的业绩。

【技巧】炮灰战略

一、导读

销售心理学中的炮灰战略的核心原则就是对比原理。销售员在推销过程中，为了实现成交，往往会提供两个以上的选择，其中一个价格较高，另一个价格较低。在推荐顺序的选择上很有学问，心理学家认为，先推荐一款价格较高的商品，当客户有些犹豫之后，再提供一款价格较低但性价比不错的商品，这样有利于实现成单，而先推荐的那款产品，往往被称为"炮灰产品"。

二、案例

Linda是美国一位资深房产经纪人，在这行做了十几年了，她的业绩非常好，是公司的销售精英。当年我在美国时，一有时间就会跟着她见见客户，在一旁装成助理，帮着打打下手。实际上，我是为了跟她学习，她不仅是出色的房产经纪人，还是一个博学多才之人，对于心理学、社会学、人际关系等方面都有很深的研究。

在与客户交流的过程中，她会用到很多销售技巧，在对方毫无察觉的情况下拿下订单。不仅如此，客户走了之后，她还会告诉我，用到了哪些心理学知识以及怎样的销售技巧，真是让我受益匪浅。

我从她身上学到了很多知识，然后传授给我的员工，再让我的员工教授给公司的客户。实际上，我不仅偶尔免费帮Linda打下手，还常常充当"买单王子"的角色，但我从她身上学到的东西，其价值要远远高于这点小钱。

一个周末，我没有应酬，突然很有学习兴趣，于是打电话给Linda，她说一会儿正好有一位客户看房，邀我一起去。

我二话没说就开车过去了，当时我自己都很佩服自己的学习精神，在忙碌的一周结束之后，竟然还这样有激情。我知道，这都是因为Linda实在太神奇了，跟她一起工作简直是一种享受，能不断学到新知识。

Linda这次的客户是一家户外广告公司的总经理，想要买一间离公司比较近的房子，Linda听后向他推荐了三套房子，都在布鲁克林63街区附近。我跟着一起去转了一圈，其间注意到一个细节，Linda在推荐这三套房源的时候并没有那么热情，而客户也确实没有相中任何一套，对方表示这三套房子档次不够，价格还不便宜。

我知道，Linda这个"老狐狸"一定又是在使用小技巧，所以兴致更加高涨。

Linda简单恭维了一番，夸赞对方的品位独特，然后驾车带我们来到了被称为纽约最宜居社区之一的公园坡，这一次，她的情绪明显高涨起来，开始具体介绍。她表示，这是公司当月最好的几套房子之一，前几套已经于这周签约了。这里我听明白了，这是在运用稀缺原理，上一次跟 Linda 学到过。

进门之前，我们先在社区附近转了一圈，客户对社区环境非常满意。进门之后，果然眼前一亮，这一套房子在装修、家具等方面都比之前那几套房子好很多。客户随即询问报价，Linda 的报价让对方非常吃惊，这一套房子的价格与之前三套的价格几乎持平。

客户当即表示就要这一套了，成交！

办完签约手续之后，我赶紧拽着 Linda 跑到附近的餐馆，我已经迫不及待想要问她这回又用到哪些神奇的心理学技巧了。

Linda 一边品着摩卡咖啡，一边笑道："我用到的技巧在心理学上被称为对比原理，你如果感兴趣可以看看罗伯特·西奥迪尼的书。根据我多年的经验，客户在买房时都比较谨慎，往往会看几套之后再做出选择，如果每一套都差不多，很多人就会出现选择障碍，最后很可能导致无法成交。"

"所以你先带他看的那几套房，根本就没想卖给他？"我问道。

"嗯，的确如此。我先带他看了几套位置、装修、性价比都不高的房子，也就是所谓的'垃圾货'，当他表现出失望情绪之后，我再用言语调动他的情绪，告诉他公司还有真正的高级货，于是带他来到我真正想出售的房源。这一套房子在地理位置、装修风格、社区环境等方面，都跟之前那些不在一个水平线上，然而价格却相差无几，这样性价比就会体现出来。对于真正想买房的客户，经过这么一番'折腾'之后，签约率都在90%以上。"

听完Linda的讲解，我真是服了，庆幸这个周末过得非常有意义。

三、影响力

销售领域有很多实用的心理学技巧，如果可以运用自如，就能潜移默化地影响客户，实现成交。对比原理是其中很重要的技巧之一，现在很多有经验的销售员都会使用，无论他们是否懂得其中的奥秘。

如果你是一位销售人员，在为客户推荐商品时，一定要使用对比原理，这就要求你先找出一款炮灰产品，也就是价格较高的一款，如果客户对价钱表示出异议或犹豫，再拿出一款性价比更高的商品，成交的概率就会大大增加。

四、知识点

在产品选择方面，两款产品除了价格，在其他诸如质量、设计、品牌等方面差距不大，这样，资金有限的客户会更愿意选择性价比较高的一款。

【技巧】互惠攻心法

一、导读

互惠攻心法的理论基础源自于心理学中的互惠原理，简单来说，人们会以相同的方式回报他人为我们所做的一切。这种技巧实际上是一种"人情债"，顶级销售高手总会想方设法给客户制造亏欠感，从而实现成交。

二、案例

美国安利公司是全球知名的直销公司，它们赖以成名的招数是免费试用策略，而这一策略利用的就是互惠原理。

安利公司跟很多创业公司一样，最早成立于地下室，之后迅速发展为每年15亿美元的销售额，而这都得益于一种名叫BUG的免费试用手段。

安利公司将旗下产品免费提供给消费者，公司的《操作手册》明确告诉业务员："一天、两天，甚至三天，不收取任何费用，也不需要消费者负担任何义务。只要告诉客户，让他们试试这些产品，没人会拒绝这种请求。"

短短几天的试用期结束之后，业务员会返回取走产品。我们知道，安利产品以浓缩型为主，消费者在几天的试用期内根本用不了多少，业务员会接着给下一家推荐。同时，大多数业务员都会顺利拿到试用过该产品的客户的订单。

安利的产品真的有那么好使吗？暂且不去管产品质量问题，而要看到这其中的互惠策略。任何成功的企业、个人，都是心理学方面的专家，他们研究人性，研究人心。

消费者试用并消耗了安利公司提供的产品，心里就会产生亏欠感，觉得有义务购买，只要产品质量尚可，一般人都会下单，即便没有需要，也会象征性地购买一些。

数据显示，当业务员上门回收产品时，消费者都会购买其试用产品总量的一半。

同样，这项技巧也经常被销售高手采用。某年情人节，遇见一个卖花的小姑娘，长得很可爱，不过给我留下深刻印象的并不是她的样子，而是她的销售策略。

首先，小姑娘很会识人，她专挑年轻情侣"下手"，而且是那种在街上就会卿卿我我的类型，这类情侣大多正处于热恋之中。

一对小情侣迎面走了过来，应该是刚刚看完电影，小姑娘迎了上去，说道："先生，我是××慈善协会的，我代表协会送给您女朋友一枝花，祝你们幸福。"

情侣欣然接过了花，并表示感谢。刚要走时，小姑娘又说话了："先生，您听说过我们这个组织吗？我们正在为灾区的小朋友募捐，希望他们在新的一年能够穿上新衣服，请问您能不能多买一些花？筹得的善款将会拿出一部分捐给孩子们。"

面对这样的情景,想必很少会有男士拒绝。

制造亏欠感,让对方欠你人情,之后提出的要求就会比较容易实现。如果你是一位销售员,在向客户推荐产品之前,不妨先送给客户一些小礼品,或是免费给客户提供帮助,一旦对方感觉心有亏欠,就会愿意听你介绍产品,如果正好有需要,那么成交的可能性就会大增。

三、影响力

技巧1:对等交换

互惠原理建立在对等交换的基础之上,一旦诉求超过你所付出的价值,成功的可能性就会大大降低。举例来说,你送客户一盆花,价值几十元,回过头来向客户推销几万块的跑步机,这就不现实。如果你向客户推销几百元的产品,就比较符合逻辑。

这里需要注意一点,所谓对等交换,也一定要大于你给客户提供的价值,比如你给客户10元,至少向对方要求20元的回报,这才是销售高手的手法。

技巧2:让步式互惠

所谓让步式互惠,指的是诉求人一方先提出一个较大的要求,一般会被对方拒绝,之后诉求人让步,提出较小的要求,那么对方也会让步,最终同意诉求人的要求。

四、知识点

1. 引起亏欠感——人情债最值钱。

2. 以小搏大——小恩小惠换取更大利益。

3. 赠送礼品——抓住客户贪小便宜的心理。

4. 热情与耐心——持续热情不会总得到冷漠回应。

5. 互惠式让步——提要求要从大到小。

【技巧】物以稀为贵

一、导读

心理学有一条定律叫作稀缺效应,指的是由于人们害怕失去或得不到,会对稀少的东西持有一种本能的占有欲。物以稀为贵,这是人性的特点,当然,此"物"必须是有价值的。

所谓赢家,就是能读懂人心并加以利用的那群人,因为他们总能达到目的。对于销售员来说,掌握人性的基本特点,是成功卖出产品的关键。

"数量有限""先到先得""最后三天"……玩转人心,你就是销售高手。

二、案例

关于稀缺原理,罗伯特·西奥迪尼的学生曾经做过一次实验。西奥迪尼的学生当时已经是一位成功的商人,经营一家牛肉进口公司,为了更好地利用稀缺性,他让员工做了一次实验。他吩咐公司的销售员给客户打电话,通过以下三种渠道购买:

1. 在下单之前,第一组客户听到的是标准销售陈述。

2. 第二组客户除了标准销售陈述之外,还得知进口牛肉即将短缺的消息。

3. 第三组客户除了得知上述两点之外,还得知了消息源——公司某条专门渠道。

实验结果出来了,第二组客户因为得知进口牛肉即将短缺的消息,购买量是第一组客户的2倍;第三组客户由于得到了双重稀缺的信息,购买量是第一组客户的6倍。

这就是稀缺原理的作用,销售员在推销过程中,要向客户暗示产品的稀缺性,这样会加速成交行为。

一次,我在商场购物,来到一家装修别致的独立小店,一位年轻的姑娘正在一件饰品前驻足。饰品设计得很精致,我瞟了一眼价签,一点儿都不便宜,我猜这也是姑娘犹豫不决的原因。旁边的店员已经观察了一阵,看出姑娘的购买意向,于是走过来说:"喜欢吗?喜欢的话可以试戴一下,不过这款饰品刚刚卖掉了最后一件,这是展示品不出售。"

姑娘刚才还在犹豫,一听这话着急了:"啊!没有了,那怎么办?什么时候来货?要不你给我问问,看看你家其他店还有吗,我现在就要。"

试戴之后,姑娘爱不释手,催促店员赶紧询问分店的情况。不出所料,其他店铺有货,这时店员说道:"我们分店有货,您可以先付款,我让分店的同事帮您邮寄,或者也可以等明天来货了,我通知您。"

姑娘很激动,欣然付款,完全没有了几分钟之前的犹豫不决。

不要低估人的占有欲，这是本性，越是稀少的、得不到的东西越珍惜、越想占有。因此，在推销过程中，要了解客户的心理，利用稀缺性进行营销。

三、影响力

技巧1：饥饿营销

饥饿营销用到的就是"数量有限"的技巧，目前市场上最典型的案例就是X米手机，近一段时间最新款的手机几乎都无法满足市场需求。写这本书的时候正值X米6上市，本想购买一台，但数量有限，真正抢到手可能要等半年后，到时可能X米7都上市了。

X米手机的稀缺造成了疯抢的行为，每周二开放购买，很多人都会在中午12点准时守在电脑前开抢，但只有少数人能拿到。越是稀缺，买的人越多，广告效应也就出来了，这也是X米公司的成功之处。

销售人员完全可以借鉴这种方法，你只要让消费者相信，产品确实很紧俏，就能加速成交的行为。

技巧2：最后期限

生活中很常见的例子就是路边小店的"疯狂甩货，最后三天"，大部分小店都是用大喇叭广播的形式，告诉路人本店即将关门，赶紧来捡便宜货吧。虽然很多店"最后三天"

的广告喊了一年,还是没拆。

  这就是"最后期限"的技巧,人们会因为时间所剩不多,而去做自己本来并不是非常感兴趣的事情。转化到销售行为之中,人们也会因为"最后期限"心理,去购买一些当下不是必须购买的商品。

四、知识点

  1. 数量有限——强调产品数量稀少,激发客户购买欲。

  2. 最后期限——强调时间所剩不多,促使客户从事并不十分感兴趣的事。

  3. 逆反心理——激发客户的逆反心理,通过刺激实现成交。

  4. 竞争氛围——通过制造竞争氛围,激发客户的控制欲与患得患失心理。

【技巧】权威暗示

一、导读

人们内心存在一种倾向,就是愿意相信权威,一位德高望重的专业人士往往更容易赢得人们的信任。

二、案例

美国社会心理学家斯坦利·米尔格兰姆提出了一种假设:人类有一种服从权威命令的倾向性。为此,他进行了一次实验。

米尔格兰姆设计了一个看起来非常吓人的电击装置,电压从30伏开始,每次以15伏为单位递增,一直增加到450伏。当然,电击装置是假的,不会对人体造成伤害,但是受试者并不知情。

实验的大致意思是,研究人员让被分派为老师的被试者对扮演学生的演员进行电击处罚,在实验人员的命令下,几乎所有的"老师"都将电压提升到了300伏水平,不少人甚至将实验进行到底,把电压增加到了最高水平,尽管他们心知450伏的电压会有生命危险。

在这个过程中,"老师"也表现出了极大的心理压力和对受电击者的担忧,甚至对研究人员产生了愤怒情绪,但是他们最终还是服从了命令。

无独有偶，美国一位心理学家也曾做过一次实验，他向学生介绍了一位从外校请来的德语教师，告诉学生们，这位德语教师是专门从德国请来的著名化学教授。实验中这位"化学家"拿出了一个装有蒸馏水的瓶子，告诉同学们这是一种新发现的化学物质，有一种独特的气味，请在座的学生闻到气味时就举手，结果多数学生都举起了手。原本无色无味的蒸馏水，在这位"权威专家"的语言暗示下，被赋予了独特气味，而多数学生竟信以为真。

可见，人们对于权威有着一种天生的服从性。既然如此，在销售过程中，销售人员完全可以利用权威暗示心理，来说服客户。

A公司希望通过竞标的方式拿下一些知名客户，老板的目的很明显，就是要提高公司的权威性，即便是赔本赚吆喝，也在所不惜。

无论哪个领域，一旦打开知名度，公司业务就会增加，出去谈客户的时候，人家都会问你服务过哪些公司，如果你的客户名单能包括一些世界500强，自然会有很强的说服力。

谈过项目的人都清楚，你的公司没名气，就要仔细介绍公司规模，人员配置，各种操作细节……因为对方担心你是否有能力接下项目。但是如果你跟大公司合作过，只需要讲出几个名字，客户心里就有底了。

在谈判过程中，有意提到服务过的大公司，这就是一种权威暗示效应。很多销售高手都善于利用这项技巧，这样可以迅速说服客户。

广告直邮业教父丹·肯尼迪曾说过："事实就是，如果你不故意地、系统地、有条理地——或者说迅速而有效地——建立起自己的名望，那么至少对你的客户或目标群体而言，你对待工作是心不在焉的。你无视了身边的无数商机，让眼前宝贵的资产从手中偷偷溜走。"

人类天生相信权威人物，对于销售人员来说，掌握了这项技巧，就可以更快速地成单。那么，如何利用权威暗示效应呢？

三、影响力

1. 塑造信心。想要给客户塑造权威的形象，一定要表现出自信的状态。试想，客户认定你是专家，结果你对所讲内容都不自信，怎么能赢得信任？销售人员一定要认定自己所讲的内容是绝对正确的，即便有疑问也不能表现出来，而是私下询问，查找正确答案。如果真的是自己错了，主动向客户说明情况，远比含糊其辞、犹豫不决的效果要好。

2. 给自己贴标签。既然人们相信权威，那就学着给自己戴高帽、贴标签。头衔可以让你赢得陌生人的尊重，让你在别人眼中显得更高大。

3. 权威着装。权威的装束让人信服，作为销售人员，选择深色系制服，会给客户一种严肃专业的感觉。

4.身份标志。比如珠宝首饰、豪车，这些都是身份的象征，同样会给人一种权威暗示，从而受到对方的尊重。对于销售人员来说，可以在行头、首饰甚至是座驾上大胆投入，相信一定会换来超值的回报。

四、知识点

人类对"权威"总是保有一种莫名却强大的信任，人们总是在想：他地位这么高，他的影响力这么大，他说的话肯定是真的。如果他说的与我的认知不同，那么只能说明我太过孤陋寡闻了。这样的心理看上去似乎有些不可思议，但它是确确实实存在的，或者说，大部分的人都存在着这样的心理。

这究竟是怎么一回事呢？

其实，解释起来也不复杂，权威暗示之所以如此"威武"是因为：一方面，人的自我保护机制在作怪，因为在许多人眼中，权威本身代表的便是一种标准，一种正确的标准，服从权威，服从标准，我们就不会犯错误，就不会被伤害；另一方面，每个人在潜意识中都希望自己被认同，被赞美，而权威们又是社会大众广泛赞美和认同的对象。所以，人们就会产生一种自然而然的认知，那就是跟着权威学，按照权威的话去做，就能得到赞美和认同。

综上，来自权威的暗示就显得更有力了。

【技巧】承诺心理

一、导读

两位加拿大心理学家曾对赌马的人进行过一项研究,发现人们只要一下注,就会对自己所选的参赛马匹充满信心。这说明人们都有言行一致的愿望,一旦做出选择,就会做出相应行动去证明自己是对的。

二、案例

1995年春晚,《有事您说话》这部小品火了,其中郭冬临扮演的角色就备受"承诺与一致"原理的摧残,他总是答应人们的要求,有些要求甚至完全超出自己的能力范围,但是既然做出了承诺就要兑现,于是打肿脸充胖子,到头来自己遭罪。

这一点很早就引起了心理学家的注意,他们都认为言行一致的欲望是一种重要的驱动力,驱使人们去兑现承诺。

这就是承诺和一致原理在起作用,人们一旦做出承诺,就会尽力兑现。而作为销售人员,一定要善于利用这一点成单,要想方设法让客户率先做出承诺,这样他们大多会完成销售行为。

西奥迪尼在《影响力》一书中写过一个例子,《大英百科全书》采用直销的形式,消费者购买之后如果不满意,15天之内是可以申请退款的。在这段冷静期内,95%的销售人员的退货率高达70%,然而极少的销售人员的退货率仅仅为25%。

这少数营销人员正是利用了承诺与一致原理,在客户购买之前,他们会提出几个问题,目的是让客户做出承诺。一般来说,图书销售员会详细地介绍产品的信息,在成单之前,他们会再次跟客户进行确认:"通过刚才的介绍,您真的认为这套《大英百科全书》对您孩子的教育有帮助吗?"

由于刚才客户已经表示认同,此时一般都会回答说:"是的,非常有用。"这里是第一次要求客户做出承诺。

为了巩固效果,销售员还可以继续提问:"买书之后,您会坚持让孩子阅读吗?""您会为孩子进行讲解吗?"……

通过这样的方式,在15天冷静期里,退货比率能保持在25%以下。

这个案例中的营销人员十分聪明,他们很了解承诺与一致原理,也清楚15天冷静期之内,很多客户会选择退款,为了防止此类事情发生,他们会在销售过程中尽可能详细地介绍,并提出诱导性问题,意在让客户做出承诺。一旦客户承诺购买,在15天之内退货的可能性就会大大降低。

根据消费者心理,销售人员要尽可能让客户在购买之前做出承诺,这样会增大成单的概率。

三、影响力

1. 对客户施压。作为销售人员,引导客户做出承诺时,要选择旁观者较多的时候,因为听到的人越多,对客户的心理约束力越大。

2. 激发客户的责任心。要让客户形成责任感,也就是让他们觉得有义务购买产品。以之前销售百科全书的案例来说,百科全书是买来给孩子看的,销售员抓住了这一点提问,"买书之后,你会坚持让孩子阅读吗?""你会为孩子进行讲解吗?"……教育孩子是一种责任,销售员这样提问,就会让父母形成一种责任感,从而兑现承诺,实现成单。

3. 自愿承诺。客户承诺必须是出于自愿,销售员可以诱导,但不能威逼。如果你通过步步紧逼的方式,让客户做出了承诺,违背了客户的意愿,最终成单的概率也是非常小的,很多时候会遭到客户的毁约。

4. 互惠原理。在客户购买之前先送他们一些赠品,之后销售员可以提出一个等价的要求,一般都会被满足。比如,前些年流行的信用卡营销就是这种方式,前两天我老婆还自言自语道:"怎么办了那么多信用卡?唉,当时都是为了那些赠品。"

四、知识点

西奥迪尼在《影响力》一书中写过这样一个实验：

研究人员在沙滩上随机选择一位受试者，在他身边躺下休息，并打开随身携带的收音机欣赏音乐。过了一会儿，研究人员去散步了，另一位研究人员装作小偷过来拿走了收音机。正常情况下，人们为了避免不必要的麻烦，都会选择沉默，实验也证明了这一点，20次"偷窃"行为，只有4次有人站出来阻止。然而，在研究者向被试者提出要求，请他们帮忙照看一下收音机之后，情况发生了彻底的改变，所有应试者都答应了，而且20次"偷窃"行为中的19次都被拦下了。

【技巧】社会认同

一、导读

所谓社会认同原理，指的是人们在判断是非时，会根据别人的意见行事。实际上，这就是一种从众心理，别人都说对的，肯定错不了。

二、案例

人人都会有从众心理，在一定的压力之下，行为也会发生相应改变。当你走在大街上，突然所有人都望向楼顶时，你也会不假思索地向上望去；当你看到一群人围成一圈，你也会不自觉地走过去想要看个究竟；当人们开始鼓掌时，你也会跟着鼓掌……这都是从众心理在起作用。

当人们看到别人做什么，自己也会跟着做，因为他们会下意识地认为，大家都在做的事肯定没错。

心理学家所罗门·阿希做过一个线段实验，受试者只有一个被蒙在鼓里，其他成员都是串通好了的。实验时，那些串通好了的成员故意做出错误判断，结果，即使面对非常明显的答案，那一位真正的被试者也会遵从团体的不正确答案。

实验人员将不同长度的线条拿给受试者看，要他说出线条比起参照线条是更长、一样长还是更短。当受试者一个人做出判断时,都能给出正确答案,因为问题实在太简单了。然而,当7个演员走进房间之后,他们故意说出一个错误答案,结果,30%的受试者会改变初衷,说出与他们一样的错误答案。这就是在从众心理的作用下,受到团体压力导致的结果。

作为销售人员,学会巧妙施压,就会让消费者产生从众心理,继而实现销售行为。

新饭馆开张的时候,都会来很多食客,其实大部分是老板的朋友,来捧场的。饭馆是看人气的,食客多,说明这家的饭菜好吃,来这儿吃肯定错不了。

这种故意找"托儿"造成热销的假象的方法,利用的就是社会认同原理。

人们对于社会认同的反应方式完全是无意识的、条件反射式的,精明的营销人员会利用这一点进行诱导式销售,成单的概率会大大提高。

×宝刷钻现象就是一个典型案例,你可以用手机搜一下×宝或者×猫,看看那些热销产品,无论信誉等级还是评论数都是非常高的,只有信誉高的商家才能卖出货。我身边有很多朋友尝试过开网店,一个哥们儿卖的是体育用品,而且都是名牌正品,售价很低,可就是卖不出去,因为没信誉,人家不敢买,想做起来就必须刷信誉,一旦信誉度有了,产品也不错,那么销量就做起来了,大家一搜就都会跟风购买,省去了挑来拣去的麻烦。

一个很有趣的现象是，如果你去搜最低价，会发现同款产品售价悬殊，便宜的反而卖不动，人们更愿意购买销量大的商家。同样，这也是社会认同原理在起作用，商家没必要费尽心力去说我的产品到底有多好，只要告诉消费者，我们的产品"销量最高""信誉最好"就够了，因为其他人也会跟着这么想，从而跟风购买。

三、影响力

作为销售人员，具体要怎么做才能引导消费者呢？

1. 爆品心理。销售人员在推荐产品时，一定要反复强调有多少人购买过、好评率有多高等情况，让客户形成爆品心理，从而引导客户购买。

2. 口碑营销。自卖自夸的方式不如他人推荐，毕竟销售员都会强调自己家的产品好，消费者对此已经有了免疫力。如果通过第三方推荐，可信度就会大增。当所有人都说你家产品好，就会形成口碑营销，产品也就不愁卖了。

3. 制造紧迫感。人在压力之下，最容易导致从众行为，销售员可以通过人为施压的方式，让客户感到紧迫，从而帮助他们下定决心购买。

四、知识点

简单来说，从众是人受到群体压力而跟从群体选择的一种社会心理。

我们思维里有这种潜意识"别人是这么做的,我也这么做,就不会错,或者不会受到伤害",从众能够给我们带来一种安全感。人在基因层面上就是欠缺安全感的动物,我们会通过从众来降低风险,让自己处于安全处境。

在人类几百万年的历史中,我们的祖先每天都在面对饥饿、猛兽、风暴、洪水等恶劣条件,族人随时都可能覆灭。人类祖先会选择用安全的生活方式,让族人能够生存下来。其中,从众就是人类选择的一种生存方式。

人不仅缺乏安全感,还拥有着天生的惰性。在面对不确定性时,我们不愿意去探求事情的真相,不愿意去探索最合理、最有利的选择,而是采用一种从众的选择,让自己处于有利的状态。

在智能手机还没有普及的时候,当我们来到一个陌生地方,我们去找一家餐厅,往往会选择顾客最多的餐厅,我们的内心活动是:这么多人都去这家餐馆,这家餐馆的味道肯定不差。当然这是一种效率较高的方式,相比于随便选择一家餐馆,从众地选择一家餐馆可能结果更好。

从众往往是一种群体行为,我们一个人独处时,不会出现从众。在一个远离不同观点、具有高度凝聚力的群体中,人们在做决定时,会陷入一种群体思维中。即在一个有凝聚力的小群体中,由于人们共同的追求占统治地位,群体成员会无视那些可供选择的其他行动方案做出实事求是的评价。

从众,是人的一种社会心理,无所谓好恶优劣,这是人类在长期进化繁衍过程中孕育出的一种心理。

第九章

谈个恋爱,要不要那么复杂

【测一测】你是约会高手吗

爱情和成功一样,都需要依靠努力创造而来。不可否认,缘分是一件很奇妙的东西,然而,它同样需要你去创造良好的机缘。你善于制造恋爱机会吗?你是情场高手吗?下面的测试将给你答案:

1. 没有房子,恋爱中的优势就会减少一大半,所以没钱也要租房子,这样才能更好地谈恋爱。那么,如果你打算租套房子,优先考虑的因素是:

　　A. 租金情况——0分;

　　B. 装修程度——5分;

　　C. 地理位置——3分。

2. 为了制造邂逅机会,你会选择去哪些地方:

　　A. 酒吧街——2分;

　　B. 图书馆——0分;

　　C. 各类聚会——5分。

3. 一位漂亮女孩的单车坏了,你会怎么做呢?

　　A. 指点对方如何修车——2分;

　　B. 主动帮忙修车——5分;

　　C. 无视她,直接路过——0分。

4. 新交往的对象过生日,你会怎么做呢?

    A. 送上生日蛋糕——3分;

    B. 一起吃饭不送礼物——0分;

    C. 对方喜欢的礼物——5分。

5. 交往过程中,因为琐事导致对方生气,你会怎么做?

    A. 买礼物道歉——5分;

    B. 打电话道歉——3分;

    C. 无所谓——0分。

6. 你认为哪件物品作为礼物更合适?

    A. 小物件——0分;

    B. 鲜花——2分;

    C. 首饰——5分。

7. 第一次跟异性看电影,你会选择什么题材?

    A. 惊悚片、恐怖片、喜剧片——3分;

    B. 战争片——0分;

    C. 爱情片——5分。

8. 第一次约会吃饭,会选择什么地点、菜式?

    A. 去高档餐厅吃西餐——5分;

    B. 中餐馆——3分;

    C. 街边小吃——0分。

9. 如果在茫茫人海中,他/她就这样出现在你眼前,你会?

    A. 神情专注,希望对方也能有同样的感觉——3分;

    B. 低头躲避——0分;

    C. 鼓起勇气聊天——5分。

10. 约会时发生争吵，你会？

  A. 一走了之——0分；

  B. 甜言蜜语，耐心解释——5分；

  C. 默不出声等对方消气——2分。

【测试结果】：

36分以上——A型：你是一位恋爱高手，很善于制造机会！

你的性格开朗，自信心很强，在恋爱方面很主动；同时，你又是一个很有趣的人，善于制造机会，吸引异性目光。

26~35分——B型：敢于主动追求，但是成功率一般。

可能是缺少相应的技巧，你虽然敢于制造机会，也敢于付诸行动，但是火候拿捏不好，总是导致行动失败。

15~25分——C型：你有强烈的渴望，但缺少必胜的信心。

你是一个比较内向的人，总是处于被动地位，你希望结识异性，但却不敢主动行动，寄希望于对方主动追你。要知道，你会为此错过许多良缘。

14分以下——D型：你是一个情商很低的迟钝者。

你不仅性格内向，而且行为古板，缺少魅力。你没有与异性邂逅的能力，只能寄希望于他人介绍。

【现象】为什么心仪的人不理你

某日,老虎在森林漫步,看见一只年轻貌美的孔雀正在林间轻歌曼舞,老虎被深深吸引了,对孔雀一见钟情。

很快,老虎径直走过去,他要追求这只孔雀,"美丽的孔雀小姐,你真的太美了,我对你一见钟情。你是否愿意做我的妻子?我是森林之王,如果你嫁给我,你就是这座森林的王后,从此不愁吃喝。你想吃什么都可以,松鼠、兔子、羚羊……对我来说抓住他们轻而易举,我是如此强大,而你又如此美丽,我们是多么般配啊。"

孔雀说:"我不想做森林女王,更不会吃掉松鼠、兔子和羚羊,森林里的小动物都是我的朋友。我讨厌你,才不会嫁给你。"

老虎听后,很伤心地走开了。

寓言故事中的老虎一厢情愿,自以为拥有一切,却得不到心仪之人的欢心。现实生活中,这样的人大有人在,他们本身拥有不错的条件——房子、豪车、高收入,然而由于不懂对方的需求,不了解交往技巧,双方的沟通出现问题,结果错失良缘。

继续刚才的寓言故事:

就在老虎追求失败之后，一天孔雀在森林里漫步，遇到了浣熊先生。她看到浣熊先生和小伙伴们正在玩游戏，于是兴致勃勃地加入他们，整个下午都玩得很开心。之后，孔雀小姐经常过来找浣熊先生玩。

浣熊先生绝对是一位情场高手，他知道自己又丑又胖，但他非常喜欢孔雀小姐，所以决定一步步追求对方。

浣熊先生对孔雀小姐很好，从不急着表白，而是先强调自己的缺点："我知道自己动作笨拙，但是我想为你做点儿事，我知道你喜欢吃川梨，这是我特意为你采摘的，整整花了三天时间。"

孔雀小姐被感动了，她开始意识到浣熊先生其实蛮可爱的，渐渐对他心生好感。

过了一阵，浣熊先生跟孔雀小姐在一起玩耍，看到老虎又在欺负人，浣熊先生虽然不敢上前阻止，但是等老虎走后，他会帮助那些被欺负的小动物，把大家叫过来一起玩。

孔雀小姐心地善良，看到浣熊先生的举动后更加感动了，没过多久他们就在一起了。

浣熊先生情商很高，他很清楚孔雀小姐的喜好，先是精心准备她爱吃的食物，之后又在她面前有意表现出善良的一面，这些都直击孔雀小姐的痛点，瞬间给自己加了分。

难道这些简单的事老虎就不会做吗？但老虎情商低，恰恰说了一些孔雀小姐不喜欢听的话，做了一些孔雀小姐不喜欢的事。

试想一下，如果老虎足够聪明，也可以像浣熊一样追求孔雀小姐，那么面对硬实力出众又体贴的老虎大王，谁又会心生厌恶呢？

如果心仪之人不理你，你会怎么办？就这样放弃了？要知道，一辈子遇到自己喜欢的人的概率其实很低的，你不努力拼一次，怎么对得起自己的人生？

但是拼，一定要讲究技巧。要学会通过潜意识影响对方，不能让心仪之人意识到你是在有意讨好，而要让对方觉得你平时就是这样的人。

学习一些心理学小技巧，实际上就是通过潜意识传播你的影响力，从而实现自己的目标。在恋爱方面，如果遇到心仪之人，但是对方又对你爱答不理，千万不要轻易放弃，只要你掌握了相应的技巧，一定有反败为胜的机会。

【技巧】约会后不要秒回信息

一、导读

秒回信息在工作中是一种好习惯,这样不耽误事,但是放到恋爱上,也许就不那么合适了。很多恋爱专家都研究过,他们认为,约会后不适宜秒回信息。这是为什么呢?

二、案例

1. 男生秒回

秒回信息这件事,放到男生身上,原因只有两个:第一,他重视你;第二,他的目的不纯。

除非是学生,否则以国内职场的快节奏,谁都不会很闲。所以,如果对方不是学生,而且经常在工作期间秒回信息,至少说明他的工作很闲,那么可以从侧面分析出他并不是一个很优秀的人。如今,那些优秀的人真的很忙。

一些男生急于追求女生,尤其是刚认识的时候充满激情,所有信息、电话都是秒回,对此女生一定要仔细分析,不要被爱情冲昏头脑。

当然,如果好久不回,这事就更严重了。除非对方理由充分,工作确实比较忙,而且又提前跟你打过招呼,否则,早上发的信息,晚上才回,或者干脆不回,则说明对方不够重视你。这一点任何一位稍有情商的女生都能感觉到，该怎么办就看自己了。

2. 女生秒回

有一句歌词说得好："女孩的心思男孩你别猜，你猜来猜去也猜不明白。"女生秒回真的很正常，不回也很正常。

一方面，很多女生都有秒回信息的习惯。但另一方面，她们不回你也有很多原因——没看见、懒得回、玩着呢……

作为女生，尤其是初次约会之后秒回信息，这种过于主动的表达方式很可能让自己贬值。阿拉蕾是一位很有心计的女生，谈恋爱很有技巧，她收到男朋友的信息之后从来不秒回，她的理论就是——"回复太快，男朋友会认为你太在乎他，时间久了就会贬值，失去吸引力。"

阿拉蕾恋爱经验丰富，该经历的都经历过了，她很了解男人这种"动物"，始终相信"女神追到手就变大妈"的定律，所以遇见想要天长地久的男生，就会慢慢考验他们。

别说，这一招真的很奏效，那些不是真爱的家伙，很快就放弃了。剩下的男生，都被阿拉蕾训练得服服帖帖。

三、影响力

1. 如果女生希望男生对自己更重视，能够第一时间回复信息，那么可以通过激发男生欲望的方法。如果一个男生对女生着迷，你就是不让他联系，他也控制不住。

2. 若即若离。不要很快满足男人的一切欲望，保持若即若离的关系。女神之所以成为女神,就是因为神秘感。

3.男生应该如何应对呢?你要尽可能了解女生的心思,然后满足她们。如果你发现她是有意吊你胃口,那就配合一下,让她们高兴。女生越是不回信息,男生越是不断发信息,只要记住"世界不曾亏欠每一个人努力的人"就够了。

四、知识点

1.秒回信息的人,要么目的不纯,要么太在乎你。

2.不要让对方感觉你不在乎,除非你想结束这段关系。

3.每个人都有渴望受到重视的心理,所以回复信息宜早不宜迟。

【技巧】黑暗效应

一、导读

如何提高恋爱的成功率？一项重要技巧就是利用环境，调节氛围。

二、案例

心理学有一条定律，叫作黑暗效应，指的是人们在昏暗的场景由于看不到对方表情，容易减少戒备，迅速放松下来，如果是两个正在约会的年轻人，就更容易增加亲近感。

对于陌生人，人们天然地会有一种戒备心理。两个人约会，在彼此还不太熟悉的前提下，都会有所隐藏，有意遮掩自己的缺点，不敢充分表达自己的观点等。这会造成沟通不畅的问题，如果双方当时没有互生好感，很可能就没有下一次约会的机会了。

这时，可以借助心理学中的黑暗效应，通过布置环境、调节氛围影响对方。

心理学家表示，黑暗效应还可以解释为什么在灯光昏暗的酒吧和舞厅，陌生人之间比在普通场合更容易相互认识，甚至产生恋情。原因是，太明亮的光线会令人难以放松，从而提高警惕性和戒备心。

有一部影片讲到一位男作家结交了一个知心的女笔友，

通过一段时间的书信联系，两个人情投意合，决定见面。

　　作家选择了中午在湖边见面，但约会效果很不好，很快不欢而散，双方都对彼此感到失望。

　　回去之后作家开始思考，通过这么久的书信联系，明明感觉彼此十分般配，为什么初次约会却很不成功呢？

　　他意识到原因就在于时间点选得不好！

　　湖边约会本来是一件很浪漫的事，但选择在中午时分，太阳照射在波光粼粼的湖面上，产生了强烈的反光，十分明亮，照得人睁不开眼。这种光线让人不安，毫无浪漫氛围可言。

　　想明白之后，作家决心再试一次。这一次，他像很多普通人一样，将约会时间选在了晚上，地点则是电影院。

　　不出所料，这次两人相处愉快，很快确定了恋爱关系。

三、影响力

　　1. 约会时间选在晚上。黑天更适合谈恋爱，不要像故事中的作家那样选在中午，明亮的太阳光并不会帮到你。

　　2. 约会地点选在灯光昏暗的地方。比如酒吧、舞厅、电影院，充分利用黑暗效应。

四、知识点

　　1. 美国《消费心理学杂志》刊登过一项研究发现，表明光线会影响人的情绪和行为。人们的情感在强光下会更激烈，在光线较暗的环境中则会更温和。如果夫妻交谈前调暗灯光，那么吵架概率就会大大降低。

2.加拿大多伦多大学和美国西北大学的科学家联合做过一次实验，受试者被随机分为两组，一组置身灯光较强的房间，另一组置身灯光较暗的房间。两组人分别看了一部短片，主人公因为上班迟到而可能具有攻击性的行为。结果显示，来自光线较强房间中的受试者，大部分认为主人公具有攻击行为。心理学家认为，灯光太亮更容易让当事双方察觉并放大对方的"攻击性"，同时也会增强人们对情绪化言辞的敏感性。

【技巧】九小时效应

一、导读

心理学家经过研究发现，在男女约会的过程中，当两个人连续单独相处九个小时以上时，彼此之间的心理距离就会大大拉近，这就是九小时效应。

二、案例

研究显示，一次普通约会的平均时间大概在三小时，从吃饭到聊天，最后回家。在这段时间内，约会双方都会尽可能展示自己最好的一面，不过缺点是双方很难放松，并不能进行深入交流。

经过一段时间的接触之后，约会时间增加到五小时，多了看场电影的时间。约会双方开始放松，继而可以进行相对深入的交流。

那么，如果彼此或者一方发现聊得挺投缘，想要更进一步的时候，就需要继续增加连续相处的时间，这个时间段就是九小时。男女双方会更进一步展现真实的自己，从而更深入地了解对方，迅速缩短心理距离。之后，便可以确定恋爱关系了。

很多情商高手经常用到这种技巧，尤其是男生，面对心仪的女孩，他们会想方设法增加相处时间，为的就是快速拉近心理距离，确立恋爱关系。

一次在参加朋友的生日聚会时，小A对美丽的女孩晴晴一见钟情,经过朋友介绍,两人开始约会。

初次约会,双方只是在一起吃午饭,大概两个小时,小A显然意犹未尽,但是晴晴下午有事,便匆匆离开了。

第二次约会,小A约在了晚上,虽然他很想下午就去找晴晴,但是怕时间太久对方又匆匆离去,所以选择了晚上。这一次效果不错,小A跟晴晴吃了一顿烛光晚餐,晴晴很开心,于是答应跟小A去看电影。期间,两个人聊得十分投缘。这一次,约会进行了大约五小时。

直到第三次约会时,两个人已经认识15天了,并且每天晚上都会聊天,至少聊一个小时。

小A发现自己越来越喜欢晴晴,想要跟她确立男女朋友关系,于是第三次约会时,小A想到了继续增加约会时间,利用九小时效应。

这一次,他约上晴晴去郊区玩,两个人早上十点就出发了,晚上七点回到市区吃饭。这期间两个人相处的时间已经达到九小时,也进行了更深入的沟通。但是小A并没有表白,而是留到晚饭之后。

又一次烛光晚宴之后,小A拿出一条施华洛世奇项链,表明了自己的心意。晴晴开心极了,同意做他的女朋友。

之后他们又去看了电影,晴晴非常开心。

到这时,两个人相处已经超过了12小时,彼此的感情已经到了一个小高潮。不过,小A在看完电影之后,并没有提出更多要求,而是很绅士地将晴晴送回了家。

回去之后,晴晴觉得小A这个男孩子不错,越来越喜欢他。

从第四次约会起,晴晴开始表现出主动性,对小A也是嘘寒问暖。

至此,两人正式发展为男女朋友关系。

故事看起来很复杂,但是算一算,两个人的交往时间其实还没有超过一个月。也就是说,30天之内,小A就成功找到了女朋友,并让对方深深地爱上了自己。

三、影响力

1.挑选对方喜欢的娱乐项目。如果想多花一些时间跟心仪之人相处,那就要想办法让对方开心,精心挑选娱乐项目很有必要。刚开始约会最好定在晚上,吃饭之后最常见的项目就是逛街、看电影,相处时间一般在五小时左右,很难达到九小时。如果想继续跟对方在一起,酒吧、夜店是不错的选择,但是一定要考虑到对方是否喜欢。

2.周末郊游。增加相处时间最好的方法就是郊游,这样两个人相处的时间很容易达到九小时,甚至更久,也就有了更多时间了解彼此。

四、知识点

心理学上还有一种现象叫作多看效应,指的是频繁见面会给对方留下好印象。该理论认为,见面时间长不如见面次数多。那么,在约会过程中,追求者就要结合自身情况制定策略,如果你平时工作忙,那么就选择九小时效应,利用周末时间,一次聊个够;如果你周末喜欢运动,平时正常上下班,那么不如利用平时的下班时间多见面。

【技巧】触碰效应

一、导读

心理学上有一种触碰效应,指的是人们在接触过程中,通过触碰对方的手肘,会产生神奇的效应,能够迅速拉近彼此的心理距离。

二、案例

为了验证触碰的神奇效应,明尼苏达州立大学的研究者们进行了一项被称为"电话亭测试"的实验。

实验人员事先将一枚硬币留在电话亭里,放在比较显眼的位置。当有陌生人进去打电话之后,研究者就会跟进去并问对方是否看到了硬币。

整个实验期间,只有23%的人承认看见了硬币,并将它归还。

进入实验的第二阶段。这次唯一的不同点是,实验人员进入电话亭之后,先用手轻轻碰触对方的手肘,之后再向他们提出同样的问题。

这一次,承认看见了硬币的人的比率上升到了60%。

之后,实验人员又在一期电视节目当中重复了这项试验,结果发现,同样条件下,生活在不同文化环境当中的人们归还硬币的概率也略有不同。澳大利亚人、英国人、德国人、法国人以及意大利人归还硬币的概率分别是72%、70%、85%、50%以及22%。

这一结果显示，在实验对象所生活的地区，人们日常接触频率越低，触碰效应的效力就越大。

根据研究结果，我们完全可以将这一效应应用于恋爱过程中，约会时可以通过不经意的手肘接触赢得对方好感。

如果是初次约会，用餐时一般都是面对面相向而坐，那么可以利用碰杯或帮对方夹菜的机会进行触碰。如果比较勉强，那么就餐之后至少会有一段漫步，这时可以测试对方对你的喜好程度。

找机会触碰对方的手肘，仔细观察他们的情绪反应，看是欣喜还是厌恶，这样就可以大致判断出约会的成功率。

三、影响力

1. 制造触碰机会。在初步了解之后，如果对对方感兴趣，想要测试对方的态度，就要有意制造触碰的机会。触碰要自然，不要让对方察觉。例如，看电影入场就座的时候，两个人相邻而坐，不小心碰到手肘是很正常的。通过类似的触碰，观察对方的反应。

2. 利用触碰增加好感。实验表明，女性服务生通过触碰顾客手肘常常会得到更多的小费收入，比其他人高36%。而男服务生使用这一方法后，收入提高了22%。因此，追求心仪对象的时候，可以试着尽可能增加触碰频率。当然，前提是第一次触碰之后，相互产生愉悦的感觉。

四、知识点

1. 研究表明，女性之间发生肢体接触的可能性大约为男性的4倍。

2. 只有直接与手肘发生接触，才能获得积极反馈，接触其他身体部位则无法获得预期效果。

3. 手肘接触不宜超过3秒钟，否则会引起对方警觉。

4. 罗马人每小时所发生的肢体接触次数为220次，巴黎人为142次，悉尼人是25次，纽约人为4次，伦敦人则是2次。而日常生活中手肘接触的次数越少，手肘接触法的效果越好。

5. 轻触陌生人的胳膊，对方愿意帮忙捡起掉落物品的概率会由63%上升到90%。

6. 触碰能促进对方的配合度。研究人员做过实验，要求参与者签一份申请。没有碰触过的人只有55%同意签字，而那些通过上臂接触的人签字率上升到81%。

7. 男人很容易将来自异性的轻微触碰当作性暗示。

【技巧】惊喜效应

一、导读

　　心理学研究证明，当一个人的心理预期得到满足之后，就会产生愉悦感，如果超越其心理预期，就会产生惊喜。而惊喜有助于人与人之间形成心理契约，巩固双方的感情，提高忠诚度，这种现象被称为惊喜效应。

二、案例

　　心理学家普拉切克将情绪划分为8种原始情绪，他认为惊喜是由惊奇和喜悦两个原始情绪组合而成。

　　研究证明，惊喜带给人们的感受持续时间较长，有些惊喜甚至让人终生难忘。例如，当一位男士向女士求婚，拿出钻戒的那一刻。

　　美国心理学家赫兹伯格讲过，影响人们行为的因素主要有两类：保健因素和激励因素。达到期望，就实现了保健因素；超越期望，就会产生激励效果，产生生产力。

　　在恋爱过程中，惊喜效应往往能够发挥很关键的作用，这一技巧往往是男士用得比较多，这里就以男士的视角来探讨。

首先,你要满足女友的心理预期。在浪漫的爱情影片中,一定少不了这样的镜头:一位英俊帅气的小伙子,给女友送上一束玫瑰花,女孩开心极了,笑得合不拢嘴。

之后,你要超越女友的期望,这样就会产生惊喜效应。例如:

小伙子不仅给女友送上了玫瑰花,在烛光晚餐进行过程中,他毫无征兆地拿出了钻戒,单膝跪地,温柔地说道:"亲爱的,你愿意嫁给我吗?"

这种情况之下,男士的成功率是很高的,因为惊喜效应起到了作用,完全满足且超出了女友的心理预期。

三、影响力

1. 精心设计约会。约会也要讲究战术,精心布置约会的各个体验点,才能给另一方带来惊喜感。约会地点的选择,就餐过程中为女孩点一首歌,看完电影送给女友一只毛绒玩具……这些体验点都需要精心设计,这样有助于促成惊喜效应的产生。

2. 悬念法。人类天生对未知事物充满好奇,尤其是女孩,好奇心更强一些。约会过程中,男士可以通过制造悬念的方式给女孩惊喜。如果只是顺理成章送上礼物,女孩只会感到喜悦,却少了惊奇。

3. 想象力。平淡无奇的约会并不能制造出惊喜效应,你需要发挥想象力,给对方制造超出预期的感受。例如,女孩平时的生活很枯燥,性格保守,你可以试着带她去游乐园,玩过山车,体验刺激的生活。这样就会超出对方的心理预期,从而产生惊喜感。

4. 经常送一些小礼物。这是很多人常用的技巧,既省钱又能起到不错的效果。隔三岔五送女友一些小礼物,能够时刻带来惊喜。研究表明,给对方礼物,可以明显改善受益人的心情。

四、知识点

1. 惊喜效应遵循递减原则,因此同一个方法不要多次使用。

2. 不确定性会增加人们的心理预期,以抽奖为例,人们对抽到大奖充满期待,所以会促成购买行为。